U0927125

全球最美的自然景观

TIMELESS WONDERS

A FANTASTIC JOURNEY THROUGH THE WORLD'S NATURAL BEAUTIES

刘　伉　李志华／主编

中信出版集团 · CHINA CITIC PRESS · 北京

图书在版编目（CIP）数据

全球最美的自然景观 / 刘佤，李志华主编. — 北京：中信出版社，2016.1（2025.3重印）
ISBN 978-7-5086-5051-7

Ⅰ.①全… Ⅱ.①刘… ②李… Ⅲ.①自然景观－介绍－世界 Ⅳ.①P941

中国版本图书馆CIP数据核字（2015）第035491号

全球最美的自然景观

主　　编：刘　佤　李志华
撰　　文：尤联元（亚洲）蔡宗夏（欧洲、非洲）刘　佤（大洋洲）徐柯健（北美洲）刘　莹（南美洲、南极洲）
　　　　　张　珂　吴万里　苏明明参与了部分文章的撰写
图片提供：Corbis　达志影像　Gaopinimages　MindenPictures　NatGeoCreative　全景视觉　视觉中国　安　翀
　　　　　陈曦Stanley　董磊/IBE　fae　高屯子　龚　政　黎武扬　田捷砚　谢　罡　徐建/IBE

策划推广：北京全景地理书业有限公司
出版发行：中信出版集团股份有限公司
　　　　　（北京市朝阳区东三环北路27号嘉铭中心　邮编　100020）
承 印 者：北京中科印刷有限公司
制　　版：北京美光设计制版有限公司

开　　本：720mm×1000mm　1/16　　印　　张：19.5　　字　　数：180千字
版　　次：2016年1月第1版　　印　　次：2025年3月第9次印刷
审 图 号：GS（2015）242号
书　　号：ISBN 978-7-5086-5051-7
定　　价：68.00元

美国亚利桑那州的羚羊峡谷，阳光透过间隙照在红砂岩上，山洪的冲刷使峡谷内如梦幻般的世界。

九寨沟树正群海景区秋色。树正群海由多个湖泊组成，中间由绿树和小瀑布相连，湖水深蓝，宛如仙境。

视野中的景物

撰文：李志华

当我们把《全球最美的自然景观》编辑完成后，总觉得有个问题需要向读者交代。因为在2009年中国国家地理图书部曾经引进意大利白星出版公司版权，出版过一本《全球最美的自然景观》，取得了不错的市场效果。读者在对各种自然美景赞叹和心驰神往的同时，也不断传来感叹之声，尤其对该书中国乃至亚洲自然景观的涉入之少令人遗憾。

人们不禁要问：为什么亚洲的自然美景选取的如此之少？怎么偌大的中国，地貌类型又如此丰富多样，却只有一个“珠穆朗玛峰”？读者的遗憾，引起我们关注。翻译版的《全球最美的自然景观》收录的自然景观，欧洲多达13处，而亚洲只有6处。要知道，亚洲是世界第一大洲，而欧洲在七大洲中为倒数第二，即世界第六大洲。这一比不难看出，地区选择上的不平衡成了该书的一大缺憾。其实，这种选择上的不平衡主要与选择者的认识和视野范围有关。

景观一词源于德文landschaft。最早的含义是地方风景或景色。到19世纪初，将景观一词赋予地理学的含义，认为景观是“一个地理区域的总体特征”的体现。这一定义，后来得到地貌学者的广泛应用。随着后来景观学的产生，使景观的内涵更具有综合性，不仅包含有视觉意义上的景物或景象，还包含了对环境美学意义上的感知，将“美”的概念融入其中。可见，不同学科、不同领域的学者，对景观的理解和认识还是有其区别的。地理学是将人们看到的景物和景象高度综合概括为自然景观和人文景观。其中的自然景观就是本书选择的主体。

制约选择的另一要素，即视野的范围。地球上的各种自然景观是客观存在的物景，能不能被世人知晓则是由人们的视野所决定的。所以，在选择最美景观时，主要依据的是人们视野范围内的景物。当人们的视野还未到达之前，尽管它具有独特之美，也只能是默默无闻。当然，每个人的视野都具有局限性，必须借助于探险家、科学考察工作者、登山者、摄影师的视野，到达更遥远的地方，发现一般人难以想见的各种类型的自然景观，让人们欣赏到它们的多姿与壮美。如沙漠戈壁曾被视为可怕的死亡之区，如今通过地质地理学家和探险家广泛深入的考察研究以及摄影师和自然爱好者的影像记录，为人们展示出了荒野中的大美。那广阔无垠的沙漠戈壁，是风神的天堂，那波浪起伏的沙丘是风神描绘的曲线，那些如树枝般的波纹，犹如大漠的血脉，展示出沙漠戈壁的动感之美。而高大雄伟的喜马拉雅山，更是常人难以到达之地，是那些不惧艰辛、勇于攀登的人，将人们的视野引伸到珠峰之巅、峡谷之底，让人们欣赏到险峰的无限风光和峡谷的深邃神秘。那一条条冰川犹如洁白的哈达，那罕见的冰塔林更是千姿百态；山峰之间星罗棋布的湖泊，如一面面清澈迷人的明镜，映衬着蓝天白云，如诗如画。而世界第一大峡谷——雅鲁藏布大峡谷深达5 800多米，全长5 000米，从印度洋吹来的湿润气流，孕育出类型极为丰富的植被垂直自然带，润化出世界上最完美的峡谷景观。

然而，由于对“美”与“最美”，很难用确切的语言、数字诠释出来，学术界没有一个统一的标准，更多的是人们对事物的一种感觉、一种认知、一种理解。但人是一个复杂的群体，由于受教育的程度不同、生活的地域和环境不同，再加上种族、年龄、性别等等的差异，对美的理解和认知是很不一样的。更何况每个人的兴趣爱好千差万别，在审视一种事物美与不美时，出现大相径庭的情况也是自然的。

可见，人们对美的认识是动态的、变化的。随着科学的发展、视野的扩展、观察的深入，以及人们对大自然热爱的加深，一定会认识和发现地球上更多美丽的自然景观。所以，对“最美自然景观”的选择，难免是仁者见仁、智者见智了。

本书集多位专家、学者的视野和专长撰写而成，所选内容既照顾了景观类型的多样性，又照顾了各大洲的特点。相信本书的出版，会更加开阔读者的视野，在丰富内容的引领下，在精彩图片的伴随下，带你走进各大洲，去阅读、去欣赏、去寻找地球上最美的自然景观。

Contents 目录

亚洲

Asia

亚洲，拥有太多的世界之最，仅自然景观而言，这里有与南、北极齐名的世界第三极——青藏高原；有地球上的制高点——珠穆朗玛峰；有世界最为完美的雅鲁藏布大峡谷；有类型齐全、形态神奇的野柳海岸。此外还有诸多胜景：下龙湾的海上石林、旷野上林立的“烟囱石”、独占世界鳌头的贝加尔湖……走进亚洲，可览地球上高大之貌、形态之奇、景观之丰、色彩之美。

晨光中的张家界武陵源，朝霞林海浑然一体。

The Glacier of Qomolangma

珠穆朗玛峰的冰川

罕见的“冰上花园”

位于喜马拉雅山中段的珠穆朗玛峰，海拔高达8 848.86米，是世界第一高峰，她那矗立于云层之上的金字塔般的巨大身影，是数百万藏族人心中圣洁的“女神”，而从她身上流淌下来的条条冰川，洁白、闪亮，犹如“女神”的哈达飘荡在山间。特别是在冰川前缘那姿态万千的冰塔林，乃是大自然为“女神”雕塑的“冰上花园”，为珠穆朗玛峰增添了无限的魅力。

喜马拉雅山脉位于中国与巴基斯坦、印度、尼泊尔和不丹交界处，是世界上最年轻、最高大的山脉，平均海拔超过6 000米。其中海拔8 000米以上的高峰有10座，是世界上山谷冰川发育最好的地区之一，而珠穆朗玛峰又是喜马拉雅山冰川发育的中心。整个珠峰地区分布有现代冰川827条，冰储量多达250立方千米。其中，北坡中国一侧就有472条，冰储量近112立方千米，它那滴滴融水，是奔腾咆哮的江河的源头。当然，冰川不仅仅是人类赖以生存的宝贵资源，亦是自然大师用千万年岁月雕塑的美景。其中，最具魅力的是主峰北坡最大的绒布冰川。它是一条树枝状山谷冰川，由东、中、西绒布冰川汇合而成，长约22千米，总面积达85平方千米，冰舌前缘海拔近5 200米处形成了一座座冰峰。它们高度不一，从数米至30多米不等，这就是神奇的冰塔林。

远远看去，塔林犹如藏族村落前白色的佛塔。但是进入其中，却形态各异。有的如鲸鱼露出水面的鳍，有的像迎风的船帆，有的像尖尖的圆锥刺向空中……

P12：珠穆朗玛峰融化的冰塔林顶端，一大块花岗岩石块屹然矗立。

P13：发源于珠穆朗玛峰绒布冰川前缘的冰塔林是世界上最神奇、最壮丽的冰塔林，姿态千奇百怪，晶莹剔透，恍如神话世界。

冰塔林的下面有融化后形成的冰芽，薄薄的，光线都能射透；有的融化成细细的一线，似乎一阵风就能把它吹断。更为奇特的是冰塔林的色彩变换。远观冰塔林是一片白色世界，而走近了看则晶莹剔透，闪烁着蓝幽幽的光芒。冰塔间还有大小不一的冰湖，如一面面明镜把蓝天白云收入湖中。也有的冰塔内部的融水形成了弯曲的河道，以及冰桥、冰洞、冰帘、冰钟乳石、冰柱和冰笋等，融水大师的鬼斧神工，将其雕塑成水晶般的宫殿。在东、中、西三条绒布冰川的前缘都有冰塔林存在，它们共同构成了一幅美丽壮观的冰上花园。

世界上的高山只要超过当地雪线的高度大多发育有山谷冰川，但并不是所有的山谷冰川前缘都可以形成冰塔林，像阿尔卑斯山、昆仑山、祁连山、天山等地都没有发育出壮观的冰塔林。为什么珠穆朗玛峰地区会发育如此罕见的冰塔林呢？这完全取决于珠峰地区特有的地理环境。

冰塔林的形成条件十分苛刻，不仅有多支冰川汇合，发生相互撞击使冰层产生了褶皱、断裂，将冰川舌部分割成一个个独立的冰块，这是冰塔林形成的物质基础。同时，还必须在中低纬度的高山区，有极强的太阳辐射使冰面的温度升高，冰面消融的强度远大于中高纬度的冰川，直射的阳光能照到冰面裂隙的深处，从而加深裂隙，也就增加了冰塔林的高度，而斜射的阳光自然就没有这个力量了。阳光的入射角度又随时间而变化，使冰面产生差异消融，形成深浅凹凸，从而造就了冰塔林的千姿百态。不难看出，最后造就冰塔林奇景的是阳光，它用强弱不同的直射与斜射，将一块块冰雕刻成神奇百态的冰塔林景观。

珠穆朗玛峰南北两坡都有很好的冰川发育，但南坡正好对着印度洋，从印度洋涌来的水汽被高大的山体阻拦，在南坡形成丰沛的雨雪，使南坡冰川得到充分的发育，但是南坡的雪线位置较低，大致在4 500～5 000米，所以南坡的冰雪融化要快于北坡，致使冰塔林中形成的诸多形态不能持久，难以保持大面积冰塔林的壮观场景。

雅鲁藏布大峡谷

完美的世界第一

Grand Yarlung Tsangpo Canyon

峡谷，作为一种自然景观，因其深邃雄奇、咆哮奔腾之势，历来是人们向往之地。美国的科罗拉多大峡谷、秘鲁的科尔卡峡谷和尼泊尔的喀利根德格峡谷号称世界三大峡谷，但若与中国的雅鲁藏布大峡谷相比都大为逊色。

雅鲁藏布大峡谷，以拉萨东470千米处的米林县派镇为起点，由西向东北围绕南迦巴瓦峰做了一个马蹄状的大拐弯，转头向南直到墨脱县的希浪，全长504.6千米，其中大拐弯段长96.3千米，峡谷最深处在南迦巴瓦峰与其对岸的加拉白垒峰之间，深5 832米，谷底最狭窄处仅37米。曾号称世界第一的科罗拉多大峡谷长度仅370千米，最深处不过2 133米。所以，雅鲁藏布大峡谷无论在深度还是长度上都无愧于世界第一的称号。

不仅如此，所谓的世界三大峡谷在一系列自然特性方面也难以与雅鲁藏布大峡谷媲美。雅鲁藏布大峡谷集咆哮奔腾的河流、雄奇惊险的峡谷、种类繁多的植被和原始旷野的自然面貌于一身，因此是当之无愧的世界上最完美的大峡谷。

雅鲁藏布江是一条水量十分丰沛的河流，年平均流量4 425立方米/秒，奔腾咆哮的河流使大峡谷独具震撼之美。在多吉帕姆河段，两侧是高达400～500米的陡崖绝壁，其入口处，4条300～400米高的瀑布如白练般从陡壁上直垂江中。该峡谷为“门”字形，峡谷的两端分别有两条落差33米和35米的瀑布飞泻而下，激起数十米高的水雾。清晨，水雾可以向上扩展至数百米的高空，在数千米之外都可以看得到。当有阳光时，云雾中常挂起一弯美丽的彩虹，十分壮观。在“门”字形转折的下方，江水被紧缩在宽度仅有35米的狭槽中，水流似从壶口的狭孔中喷射而出，然后沿着东侧的岩壁飞泻而下，整个峡谷回荡着雷霆万钧般的奔腾咆哮声。对于早已开展漂流项目的科罗拉多大峡谷、沿岸人烟稠密的喀利根德格大峡谷和流量小得难以掀起大浪的科尔卡峡谷而言，是无法感受那种万马奔腾、震撼心灵的美感的。

P14上：尼洋河是雅鲁藏布江的支流，流经西藏自治区林芝市，水量充沛。特殊的地理位置和气候条件造就了这里奇特的雪山和森林景观。

P14～15：米林县派镇（本图左下方）是雅鲁藏布大峡谷的入口，从这里远眺，可见南迦巴瓦陡峭的身姿在云雾的遮挡下，如同神秘的天堂。南迦巴瓦在中国最美的十大名山中名列榜首。

雅鲁藏布大峡谷两侧绝大部分都是直上直下的峭壁，这是大自然为峡谷增添的雄奇险峻之美。中国雅鲁藏布大峡谷科学探险队在徒步穿越其核心地段时，一天内上崖下崖，直线距离也只能走1千米左右，可见其陡峻程度。大峡谷不仅有难以攀爬的峭壁陡崖，更有直插云端的险峰。耸立在大峡谷南北两侧的是南迦巴瓦峰和加拉白垒峰。前者海拔7 782米，是世界上最险峻的雪峰之一，来自世界各地的多支登山队都折戟于南迦巴瓦峰下，至今仍无人登顶。与南迦巴瓦峰相对峙的加拉白垒峰海拔7 257米，虽比南迦巴瓦峰矮了500多米，但也只有极少数登山队登顶。

极其丰富的生物资源赋予了雅鲁藏布大峡谷多彩的外衣。由于拐弯后的河道基本是南北方向，来自南边印度洋孟加拉湾的暖湿气流顺着雅鲁藏布江河谷，长驱直入到大峡谷内部。正是这丰富的暖湿水汽的滋润，使这里发育了十分茂密的天然植被。从海拔仅一二百米的河谷谷底到白雪皑皑的山顶，随着水、温组合的垂直变化，植被类型不断发生更替，从低山热带季风雨林到山地亚热带常绿阔叶

P16～17：海拔7 782米的南迦巴瓦峰（左侧）和海拔7 257米的加拉白垒峰（右侧）夹峙着著名的雅鲁藏布大峡谷，从峰顶到谷底的垂直距离超过5 800多米，成为世界第一大峡谷。图为远眺兀立于云层之上的双峰奇景。

林、中山暖温带常绿针叶林、亚高山寒温带常绿针叶林、高山亚寒带灌丛草甸，一直到高山寒带冰缘植被，组成了一个最完整的垂直植被类型系列。它们为大峡谷披上了一套秀美无比的华彩盛装，并且随着季节的变化，不断地更换着色彩，使大峡谷一年四季容光焕发，无比动人。在这样美好的环境中生活着多种哺乳动物、鸟类、爬行动物、两栖动物以及多达千种的昆虫，为大峡谷增添了无穷的魅力。

雅鲁藏布大峡谷位于中国十分偏远的西藏东南部，地势又极为险峻，所以大部分地区人迹罕至，甚至是无人区，自然景观及自然生态系统也因此保持着原始的状态。峡谷中少见各种人工建筑，在茂密的原始森林中，树木自生自灭、自我更替。即使是生活在大峡谷地区的门巴族和珞巴族居民，也因交通不便而过着与世隔绝的生活，在服饰民俗、生产耕作、文化传统等各方面都保持着自己民族文化的原生态，这也是雅鲁藏布大峡谷独有的特色。

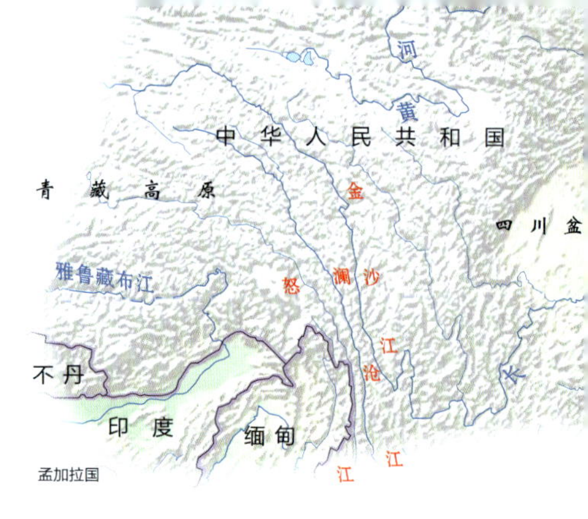

Three Parallel Rivers | 三江并流

高山深谷的壮美

P19上左：澜沧江峡谷中土地资源贫乏，为了在峡谷中求得生存，人们尽可能地开垦坡地。图为澜沧江畔盐井的梯田。

P19上右：700年来，藏族人不断走在朝圣神山卡瓦格博的转经路上。转经路穿过太子雪山西麓的原始森林，这里终年降水丰沛，高大郁闭的阔叶林带是众多珍稀野生动植物的家园。

P18～19：云南省德钦县境内奔子栏附近金沙江河曲，河道在这里拐了一个马蹄状的大弯。千百万年前这里曾经比较平坦，河道可以任意摆动，形成河曲，后来地壳快速上升，河道快速下切，原来的弯曲也保留了下来。

金沙江（长江上游）、澜沧江（湄公河上游）、怒江（萨尔温江上游）是流经中国西南部的三条大河，三江从西藏自治区进入云南省西北部时，自北向南并行奔流170多千米，穿行于担当力卡山、高黎贡山、怒山和云岭等崇山峻岭之间，形成世界罕见的“江水并流而不交汇”的奇特自然景观。其间，澜沧江与金沙江的横向最短直线距离为66千米，澜沧江与怒江的最短直线距离甚至还不到19千米。这里山谷相间，三条大江气势磅礴地向大洋奔流，地理学家特称之为“三江并流”。早在2003年已被联合国教科文组织列入“世界自然遗产名录”。

雄奇险峻的峡谷与丰富的生物世界、深厚的历史文化共同组成“三江并流”区域的三大特色。

三江并流区给人印象最深的当数雄伟而又险峻的峡谷。金沙江在海拔5 596米的主峰玉龙雪山和海拔5 396米的哈巴雪山之间冲决而出，形成举世闻名的虎跳峡。虎跳峡最窄处河宽仅30米，传说猛虎可一跃而过，故而得名。怒江穿行于高黎贡山和碧罗雪山之间，平均河谷深度超过2 000米，最深处竟达3 478米。奔流在峡谷中的怒江面对一座座石门和岩石的阻挡，发出惊天动地的怒吼。澜沧江梅里大峡谷夹在梅里雪山和白马雪山之间，长达100余千米。在《中国国家地理》评选出的中国最美的十大峡谷中，虎跳峡、怒江和梅里大峡谷分列第二、第四和第五位。

伴随峡谷的是高山，海拔6 740米的梅里雪山主峰卡瓦格博峰位居中国十大名山第四位，山顶冰峰接踵，雪峦横亘，冰川发育充分，是世界罕见的具有低纬度、高海拔、季风性、海洋性特征的现代冰川。它们从山谷蜿蜒而下，冰舌一直延伸到海拔2 700米的森林地带，洁白的冰川与苍劲挺拔的树木，组成一幅难得一见的奇观。而剧烈的冰川运动，形成许多令登山者畏惧的悬冰川、冰暗缝，经常出现冰崩、雪崩

现象。正因如此，梅里雪山至今仍是无人染指的处女峰。卡瓦格博峰还是藏族同胞心目中的神山，被认为是众神的居住地，他们恪守着登山者不得擅入的禁忌。除梅里雪山之外，三江并流区还有许多高峰，白马雪山是云岭的最高峰，海拔5 000米以上的雪山共有118座，它们都是终年白雪皑皑，又造型迥异。

三江并流地区巨大的落差造成了这里自然带在垂直方向上的差异，从海拔760米的怒江干热河谷到海拔6 740米的卡瓦格博峰，汇集了高山峡谷、雪峰冰川、高原湿地、森林草甸、淡水湖泊等多样的地理环境，为各种生物提供了得天独厚的生存条件。“三江并流”地区被誉为“世界生物基因库”，这一地区的面积还占

P20：夹峙于怒山和高黎贡山之间的怒江峡谷。相比金沙江和澜沧江峡谷，怒江峡谷水分条件更好，开发程度最低，有着更好的原始生态环境。

P21（三图）："三江并流"地区被誉为"世界生物基因库"，多种珍稀动植物在这里落户，图为生活在梅里雪山自然保护区里的生灵们，从上到下依次为小熊猫、蓝喉太阳鸟和秃鹫。

不到中国国土面积的0.4%，却拥有中国20%以上的高等植物和25%的动物种数。这一区域栖息着珍稀濒危动物滇金丝猴、羚羊、雪豹、孟加拉虎、黑颈鹤等77种中国国家级保护动物和秃杉、桫椤、红豆杉等34种国家级保护植物。中缅边境狭窄而绵长的高黎贡山脉以及澜沧江和金沙江之间的云岭山脉，对于生物学家、地理学家和探险家们有着巨大的吸引力，原因就是这一区域生活着众多稀有的濒危动物。

高黎贡山蕴藏着一个蝴蝶的王国，动物学家在短短一周时间内，就采集到了170多种蝴蝶的样本。更可贵的是在这里有属于世界珍稀蝴蝶种属的褐凤蝶——一种被《国际濒危物种贸易公约》列为R级（即数量极少级）的保护物种。它们仅分布在青藏高原的东南部海拔1 500米以上渺无人烟的山谷中。褐凤蝶有着较大的个头，双翅展开可达10厘米。这里还有西番翠凤蝶、克里翠凤蝶等，也都是珍稀蝶种。

"香格里拉"在人们心目中是东方一片永恒的净土和令人向往的"世外桃源"，它就位于"三江并流"区内的云南省原中甸县境内，中甸县也因此在2001年改名为香格里拉县。从公元6世纪的唐朝开始，茶马古道就通过香格里拉。古道通过山隘时设有石门关，"一线中分天作堑，两山峡斗石为门"是对古道最好的写照。今天茶马古道上仍存留有许多石门关，它们既是一道风景，又是历史文化的载体。在雪山深处，在草原腹地，碧塔海、属都湖、纳帕海等无数高山湖泊安详地平躺在绿草如茵的大地上，这里清幽宁静、一派原生态的景象，令人心醉。当然这里还保留有浓厚的宗教文化，藏族、彝族、纳西族等民族古老的文化积淀，孕育出当地人善良、旷达的性格以及独具特色的传统民俗，如藏族农历五月初五的赛马会、"丹巴市"、"格冬节"，纳西族的"二月八"，彝族的"火把节"。这些节日都成为各族人民表达自己情感的最佳方式，也是旅游者向往的特色人文景观。

远眺云雾围绕中的卡瓦格博太子十三峰，13座山峰的海拔均超过6 000米，为云南省境内的最高峰，藏民视为神山。卡瓦格博太子山是澜沧江和怒江的分水岭。

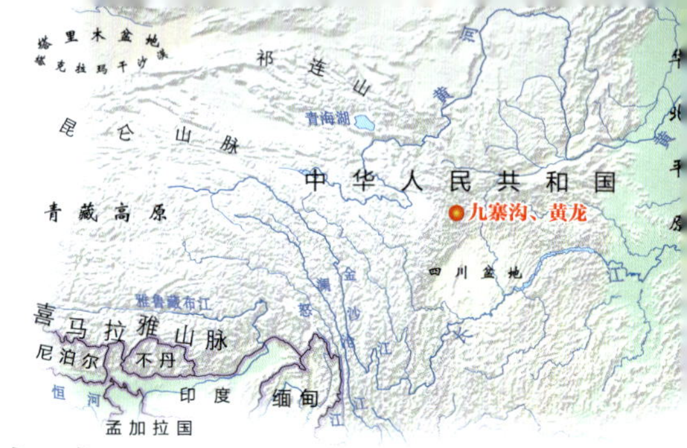

Jiuzhaigou and Huanglong Scenic Area

九寨沟与黄龙

水的七彩童话

P25上：晨曦中的箭竹海瀑布秋景。

P24～25：四川黄龙寺的五彩池。由于钙华堆积形成圈闭的池塘，池塘内滋生的颜色不同的藻类使得池水呈现缤纷的色彩。

从四川成都出发，顺长江左岸大支流岷江北行，就会进入连绵起伏的岷山之中。湛蓝的天空下，在白雪覆盖的崇山峻岭中深藏着一个“人间仙境”，这就是被列入“世界自然遗产名录”的九寨沟与黄龙风景区。

黄龙和九寨沟并不是一个景区。两者都位于中国四川省西北部阿坝藏族羌族自治州境内，相距约128千米，只有两个小时的车程。彼此不仅是近邻，而且美景也有共同的特点，喀斯特钙华堆积而成的各种地貌形态，为山溪、清泉创造出一个五彩斑斓的世界。虽然成因相同，但风景又各具特色，两者之美难分伯仲。所以，人们总是把二者连在一起去欣赏。

黄龙深居涪江的一条支流中，山沟两边是墨绿、浓郁的云杉林，沟底则几乎被一片乳黄色的岩石和水体所覆盖，从沟口到沟头延伸3 000多米，宛如一条黄龙蜿蜒于幽林翠谷之中，“黄龙”之名即由此而来。

顺着“黄龙”前行，黄龙沟的沟底像台阶一样逐级抬升，形成了一连串的跌水、飞瀑，沟壁上珠帘垂挂，急流飞溅。而沟底一个个大小不一的池潭，像鱼鳞、叠瓦般一个紧接一个，层层叠叠布满了黄龙沟的谷底和两侧的谷坡。这些池潭大的超过1 000平方米，小的仅几平方米，池的边缘有高起的石坝围绕，总共有大小池潭3 400余个。除个别深潭外，大多数池潭深度均不足2米。池中之水清澈见底，池底生长着绿藻、蓝藻、硅藻、黄藻、金藻等各种颜色的藻类，使水池呈现出乳白、翠绿、湛蓝、嫩黄等色彩。这些景色迷人的“彩池”，成为黄龙景区最大的特色。

黄龙能呈现如此奇观完全归功于钙华（也称为石灰华或泉华）的堆积。这里的岩层以含碳酸盐的石灰岩为主，这种布满裂隙的石灰岩，经泉水的侵蚀后，碳酸盐类的物质溶于水中，然后从裂隙中渗出，由于温度、压力的变化，溶解于

P26：清晨的熊猫海瀑布景色，沟底急流湍动，两旁大树参天，宁静中透出了豪放。

P27上：九寨沟熊猫海景色。

P27下：秋天的诺日朗瀑布。"诺日朗"在藏语中是伟岸高大的意思。

泉水中的重碳酸钙随着水的流动，不断地沉积下来，形成钙华堆积。黄龙景区的钙华堆积多为边石坝，它层层叠叠，高低不一，最高的边石坝可达7米多。边石坝常以圈闭的形式出现，圈闭阻止了泉水的向下流动，从而在边石坝的后方形成了一个个形态各异的彩池。科学家对黄龙地区的钙华沉积考察研究发现，这些边石坝是近万年形成的，据测定其沉积速度在近400年来平均每年为5.0～5.4毫米，直到现在这一过程仍在继续。

来黄龙观景千万不要忘记"雪宝顶"。"更喜岷山千里雪"的岷山主峰雪宝顶就位于黄龙沟的东南方向，海拔5 588米。《松潘县志》有诗赞雪宝顶云："晴空森玉笋，瘦动插天根，倘毓中原秀，应居五岳尊。"雪宝顶西、北、南三面都是高崖峭壁，山顶终年积雪，极难攀登。山腰沟壑纵横，湖泊星罗棋布。尤以洁如明镜的东南圆海、形如城郭的西南方海、酷似弯月的西北半圆海和宛如金字塔

P28～29上、下：黄龙景区内随处可见钙华堆积的各种形态：边石坝、钙华池、钙华滩、钙华瀑布、钙华洞穴以及钙华扇等，其中许多都成为独具特色的景点。

倒映的东北三角海最为著名。湖光山色相得益彰，置身其中，令人陶醉。从黄龙仰望“雪宝顶”，既有一种神秘的诱惑，又让人豪情满怀。

从黄龙北行，翻越涪江与嘉陵江上游白水河之间海拔5 000米的分水岭，就进入了闻名遐迩的九寨沟。这里是藏族聚居之地，九寨沟因有九个藏族村寨而得名。风景区总面积500多平方千米，展布在呈Y状的三条主沟内，分别是下方的树正沟及其上游的则查哇沟和日寨沟，海拔高度2 100～3 100米，茂密的原始森林覆盖了大部分的沟域。

九寨沟之美主要在于水，水是九寨沟的灵魂。三条沟内共有大小海子108个，其中有20多个海子面积超过5 000平方米。它们延展于九寨沟中下游20千米长的河段中，湖、泉、瀑、滩连为一体。有些海子由于湖底有各种颜色的沉积物和水生植物，在阳光照射下呈现出缤纷的色彩，形成了“五彩池”“五花海”等，如七彩童话，风景迷人。

除了海子，这里的瀑布也令人神往。景区内有大小瀑布17个，其中6个瀑布的宽度或长度都超过贵州的黄果树瀑布，如诺日朗瀑布，宽200米，高15～20多米，水流凌空而下，银花四溅，十分壮观；树正沟内的树正瀑布虽然不宽，但落差有30多米，湖水分两路猛泻谷底，其声震耳欲聋。

九寨沟的环境之美，让人流连忘返：地上的绿水清澈见底；头上的蓝天云丝飘动；湖岸绿树倒映水中。海子、浅滩、棱桥、瀑布、磨坊以及转经房，一幅恬静纯朴的“小桥、流水、人家”的意境。

来到这里的人无不感叹上帝对九寨沟如此厚爱！在地质时期这里形成纯度极高的石灰岩地层，其间有若干洞穴和裂隙，从洞穴和裂隙中溢出的泉水形成了钙华堆积。但这里的钙华堆积与黄龙不一样，在黄龙形成的是圈闭状的边石堆积，而在九寨沟则是横亘在河道上的钙华坝堆积。这种形式的堆积规模较大，阻塞了河道，形成一个个堰塞湖，当湖水漫过钙华坝遇到陡崖时，便构成壮观的瀑布景观。

多彩的海子，灵动的瀑布，是九寨沟一大特色景观。九寨沟风光之美在于水，而那历经千百年生长的原始森林就是九寨沟的蓄水库、净化器，它保证了九寨沟的水清澈透明、永续长流。原始森林的主人是那些高大挺拔的云杉、冷杉、紫果云杉，以及桦树、青松和高山栎等，这些树木大都有几百年，甚至上千年的高龄。当你站在直径达1.6米的大树下，顺着树干抬头仰望树冠的时候，心中怎能不产生敬畏和赞叹呢！

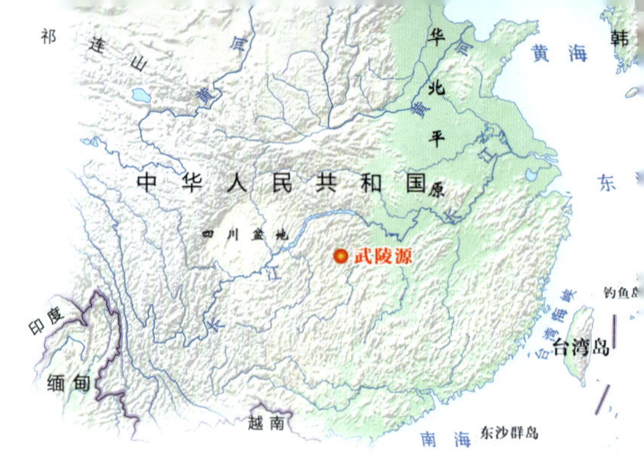

Wulingyuan National Park 武陵源

峰林秀水筑迷宫

P31上：隐身在云海中的武陵源群峰，犹如仙山漂浮海上。

P30～31：武陵源景区的峰林。景区内有3 000余座尖细的砂岩柱和砂岩峰，沟壑、峡谷纵横，溪流、瀑布随处可见。

在中国湖南省西部有一片奇美的土地，那里有石英砂岩形成的峰林，又有大小不一的溶洞和幽静的峡谷；翠绿的森林与小河溪涧，组成一幅清新的画面；而那变幻的云海，使武陵源越发的神奇，故有"大自然迷宫"之称。这就是张家界国家地质公园，总面积398平方千米，其中最具魅力的是武陵源风景名胜区。

一座座雄奇、挺拔、千姿百态的砂岩峰林高耸入云，一缕缕清泉、一弯弯溪水、一条条瀑布、一个个岩洞散布其间，构成武陵源景观的最大特色。

武陵源的峰林地貌景观世所罕见，其中砂岩峰林集中分布在南部86平方千米的范围内，共有石英砂岩岩峰3 000多座。岩峰海拔高度200～1 100米，大小不同，形态各异，有的呈棱角分明的方柱状、棱柱状，有的则为玲珑浑圆的蘑菇状、棒槌状、瓶状、穹隆状，还有的如针锥一样纤细可人，当然也不乏雄壮威武的城堡形。这些岩峰形态不一，似人似物，似兽似仙，形象逼真，惟妙惟肖，令人惊叹。

为什么在武陵源景区会形成如此奇特的岩峰，这要从3.6亿年前说起。当时，今天的张家界市所在的湘西地区是一片海陆交互进退之地，地表沉积了一套石英砂岩夹砂质页岩、泥质粉砂岩的地层，同时陆地上还有一层鲕状赤铁矿层，今天所看到的砂岩峰柱顶端红褐色的"铁帽"便是含铁矿层的石英砂岩。后来在多次地质构造运动中，经历了反复抬升、夷平的过程，同时在地层内部产生了多个方向（包括垂直方向）的节理、裂隙。到6 500万年前，发生了强烈的喜马拉雅造山运动，使这一地区迅速抬升到1 000～1 200米的高度，致使流水沿岩石节理不断地下切、侵蚀，将原先比较平坦的地表分隔成大小不等的独立方山及条状山脊。随着岩体继续抬升，在重力引发的崩塌和流水进一步的下切溶蚀下，使得原来的方山终于成为一个个独立的岩柱，形成今天所见的砂

P32：猕猴是武陵源的主人，整日在山林中窜来窜去，游客很容易看到它们的身影。

P33：武陵源的最高点天子山，常年云雾缭绕。从天子山俯瞰下方高矮不等、错落有致的石英砂岩峰林，群峰若隐若现，美不胜收。

岩峰林。也就是说，在特定的地质岩石上，经过重力崩塌和流水长年累月的精雕细刻，才塑造出这片世间罕见的砂岩峰林景观。

从自然景观来看，这里统属于砂岩峰林，但进入其中，到黄石寨、金鞭溪、索溪峪、天子山等景区，你会发现，它们都别具特色。

黄石寨，又名黄狮寨，这里有一座属于石英砂岩峰林发育早期的平顶方山，海拔1 080米，四壁陡峭，却伸展出多个凌空突起的天然观景台，是绝妙的观景去处。沿寨环行，远近诸般景象尽收眼底。

金鞭溪穿行在深壑幽谷之中，蜿蜒于林海苍翠之间，两边是无穷无尽的奇峰，底下是清澈透明的溪水。沿金鞭溪漫游，一步一景，如诗如画。有诗云："人生一快事，夜听金鞭溪，纵使群山倒，甘心碾作泥。"

索溪峪是由砂岩峰林、喀斯特洞穴、湖泊等汇集而成的景观区。"十里画廊""百丈峡""西海""宝峰湖"和"黄龙洞"等都各具特点。黄龙洞位于景区东端，喀斯特作用十分明显，在沿东西向断面构造发育的黄龙洞里，众多形态各异的石笋、石柱、厅堂、洞穴都是大自然的杰作。

天子山层峦叠嶂，主峰海拔1 256米，是张家界的最高点，素有"峰林之王"的美誉。登上天子山举目远眺，千山万水、峰林云海尽收眼底。有人赞誉，在天子山观砂岩峰林，更像是在观赏一个天然的巨大盆景。而且在不同季节，不同时间呈现出别样的景色，如天子山的"云涛""月辉""霞日""冬雪"被称为四大奇观。变幻无穷的云海，幻化成瀑、浪、涛、絮等多种形态，令人叹为观止。

武陵源山环水绕，素有"秀水八百"之称。众多的瀑、泉、溪、潭、湖各呈其妙。加之气候温和，雨量充沛，植物茂盛，原始林和次生林植物群落都生长良好，森林覆盖率达80%以上，有国家一级保护植物4种，二级保护植物19种，木本植物达到770种。其中武陵松为本地独有的植物，数量多、分布广、形态奇，有"武陵源里三千峰，峰有十万八千松"之美誉。另有珙桐、伯乐树、南方红豆杉、白豆杉、篦子三尖杉等第三纪孑遗植物。黄石寨的"珙桐王"树冠覆盖面积达600平方米，盛开的鸽子花美丽而奇特。良好的生态环境为一些动物提供了繁衍生息的家园。这里拥有28种国家级保护动物，最著名的要数娃娃鱼——大鲵了，还有国家一级保护动物云豹、金钱豹等。

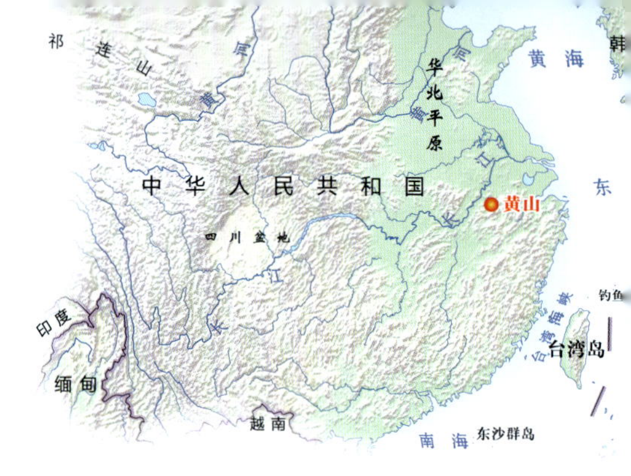

Huangshan 黄山

天下第一奇山

P35：安徽黄山生长在岩石上的奇松，是黄山的一大特色景观。

自古以来，不管是文人墨客，还是明代大旅行家、地理学家徐霞客，无不惊叹于黄山之美。“五岳归来不看山，黄山归来不看岳”就是对它的高度赞美，由此被誉为“天下第一奇山”。

黄山耸立在中国安徽南部的低山丘陵中，远眺那高入云端的山峰，但见怪石嶙峋、形态各异；峭壁上那一棵棵苍劲的古松，姿态万千；变幻无穷的云雾如同大海般时沉时浮；山崖下清澈的泉水哗哗作响。人们将这极负盛名的“奇松”“怪石”“云海”“温泉”誉为“黄山四绝”。

在北京人民大会堂的会客厅矗立着一幅苍劲古朴、婀娜多姿的迎客松巨画，接待着来自世界各地的友人。画中松树就取材于黄山玉屏楼左侧的那棵迎客松。这棵迎客松早在唐代就有记载，距今已1 000多年。迎客松可以说是黄山奇松的一个典型，其实黄山的奇峰怪石大都长有苍劲挺拔的松树，多生长于海拔800米以上，特别是1 600米以上的高山上。但这里气温低、霜雪多、日照短、风力大，为适应这种环境，松树只好将根深深地扎入岩缝中，并在形态上伸向低处，呈垫状伸展，伸出的枝杈如扇形，这样，既可以减少在大风状况下的损伤，又能从岩缝中汲取到足够的营养。可以说，是外界的自然环境限制了黄山松的正常发育和生长，松树顽强的生命力使它成为黄山最夺目的风景。

黄山是一个以花岗岩为主体构成的巨大穹隆状山体，其中，“怪石”是花岗岩地貌的精华，千奇百怪，似人似物，似鸟似兽，情态各异，形象逼真，集“象形地貌”之大成。“老僧采药”“苏武牧羊”“飞来石”“猴子观海”等景观是那样的惟妙惟肖。然而，你若站在不同的位置，在不同的天气状况下观看，景象会有所不同，正所谓“横看成岭侧成峰，远近高低各不同”。从这一角度看是“金鸡叫天门”，换一个角度就成了“松鼠跳天都”；位于云谷寺至皮蓬路口的“仙人指路”，若从千米外的石板桥仰视又如喜鹊的形状，所以又被称为“喜鹊登梅”。黄山花岗岩地貌的另一特点是雄奇、挺拔的“花岗岩峰林”。在黄山154平方千米范围内，72座高而尖的山峰直插云际。最高处莲花峰（海拔1 864米）和光明顶（海拔1 860米）、天都峰（海拔1 810米），并称为三大主峰。

黄山之所以多怪石并发育有良好的花岗岩峰林，与它的内部结构和外部环境密切相关。一般花岗岩岩体在形成过程中都会产生垂直节理、多层次的水平节理和斜交节理，加之山体较高，冬季结冰期长达7个月。特别是在第四纪冰期时被

大面积积雪覆盖，寒冻风化作用十分强烈，水在花岗岩节理或裂隙内结冰后，产生巨大的张力将裂隙加大，而冻结与融化频繁地交替，更使裂缝不断加宽，山地的边坡岩体沿着加宽的节理而崩解、坍塌，最后残留的岩体就变幻出各种奇峰和怪石。不同方向节理的组合可以形成不同的地貌形态，在垂直节理不密集和斜交节理发育较好的山顶地带，常形成雄伟挺拔的锥状峰林，如莲花峰和天都峰；在垂直节理较密集的山顶地带，常形成直冲云天的柱状峰林，如笔架峰、老人峰、仙人峰等；在垂直节理、水平节理和斜交节理都十分发达的地方，则容易形成各种妙趣横生的怪石，如飞来石、十八罗汉朝南海、仙人晒靴等。此外，黄山的雨量较多，是华东的暴雨中心，年降雨量多达2 580毫米，最大年降雨量高达3 919毫米。大量的雨水和暴雨强烈打击岩石，造成山体突兀峥嵘、石骨裸露。不难看出，这些“怪石”“峰林”都是大自然的“内功”与“外力”所造就的传奇，可谓鬼斧神工。

大凡高山都可以见到云海，但是黄山的云海另有一番景致。滚滚云海不仅注满山谷、沟壑，就连高耸的莲花峰、天都峰、光明顶都成了浩瀚云海中的孤岛。无风时，云海一铺万顷；风起时，云涛滚滚，奔涌如潮。要想观赏黄山云海，必须登高。黄山有东、西、南、北、中五大云海区，每个云海区都处于三面环山的U形山谷中，且五大云海之间有峡谷相通，使黄山云海变幻于层峦叠翠之间，奇妙而壮观。

黄山的温泉从花岗岩体的破裂带中溢出，属于构造泉。其中最著名的是紫云峰下的温泉，在海拔630米处，沿逍遥溪断裂带涌出。传说轩辕黄帝就是在此沐浴四十九日后返老还童、羽化成仙的，故又被誉为“灵泉”。黄山温泉每天的出水量在400吨左右，终年不涸不溢，水温常年在42℃左右，水质以重碳酸为主，可饮可浴，据说对消化、神经、心血管、新陈代谢等系统的某些病症，尤其是皮肤病具有一定的疗效。

P36: 观日出、赏云海是到黄山必看的景观，极负盛名，冬季的黄山雪景更是别有一番风味。

P37: 姿态万千的松树是黄山景色中的“四绝”之一，它们坚韧的生命力一直以来都受到人们的赞美，其奇特的形态令人赞叹。雪后的松树更显出别样景致。

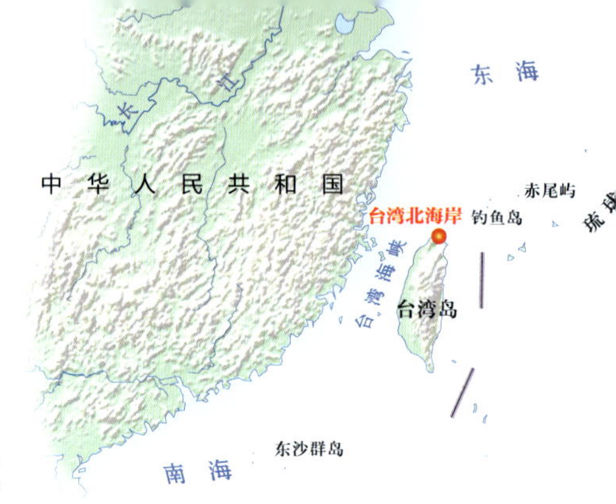

The North Coast of Taiwan

台湾北海岸

罕见的奇岩怪石

P39上：著名的女王头景观，学名蕈状石。上部是坚硬的石灰质砂岩，下部的岩层则较软，海浪差异侵蚀的结果造成了下细上粗的形态。后期的风吹浪打将头像雕琢得愈发栩栩如生。

P38～39：台湾北部海蚀地貌。海浪的不断冲击将岩层较软部分侵蚀掉，留下了岩层中较难侵蚀的部分。倾斜角度显示出岩层的原始产状和倾向，呈现出形似覆瓦的排列态势。

在自然界，水和风是最具魔力的大师，既有钻凿、斧削之力，又有打磨、雕塑之功，将大自然塑造得千姿百态。中国的宝岛台湾，有一段长长的海岸，上面布满了奇岩怪石，充分展示了“风与水”的奇妙神功，这就是台湾北海岸堪称世界一绝的野柳奇岩。

在台湾岛北部，西起淡水河入海口附近的油车口，东至三貂角的莱莱鼻，海岸线全长85千米，但如果以弯曲的滨线计量，则长达144千米，突出的岬角和凹进的海湾交互出现，是典型的岬湾式海岸。其中最精彩的当数位于基隆西北约15千米处的野柳风景区，这里有一个岬角犹如利剑般插入大海，长达3 000米。海岬上散布着各种形状的石头，最奇特的就是堪称世界一绝的蕈状石和烛台石。

蕈，蘑菇的意思，蕈状石就是下部为一较细的石柱，上托一粗大的球状岩石。其中“女王头”最为典型也最负盛名，她那高高的发髻、纤长的脖颈和安详眺望的神态，如同一位容貌美丽、气质高贵的女王，殊不知，其“芳龄”已近4 000岁。在她面前，每天都排起长长的蛇阵，人们用惊讶、崇拜的目光打量着她，与她亲切合影。野柳的蕈状石有180多株，它们分布集中，成群屹立，且排列有序。

蕈状石的形成是由于当地的岩石结构软硬不同，加之海浪和风侵蚀、打磨共同作用的结果。这里有一层厚约2米的石灰质砂岩，岩性特别坚硬，能够很好地抵御海浪的侵蚀。而且，它有纵横两组节理相互交切，海水顺着节理侵蚀容易形成岩柱。石灰质砂岩下面的砂岩岩性较软，比较容易受海浪的侵蚀，致使岩柱的下段逐渐变细，终于成为蕈状石。后来由于地壳抬升，才逐渐脱离了海水的侵蚀，但在风雨的吹蚀淋溶下，石柱愈来愈细滑，变成了今天我们所看到的模样。虽然它终将有一天会断裂、倾倒而不复存在，但相信大自然这位神奇的大师还会不断雕塑出新的作品。

烛台石是野柳的另一地景奇观。它的形态与蕈状石相反，呈上细下粗半圆锥状，高约2米，柱顶中央有一个石灰质结核，结核边有沟槽环绕，中间之结核犹如烛焰，整个岩体宛如烛台，称之为“烛台石”可谓形象贴切。它同样也是因岩性软硬不同导致侵蚀程度不同而形成，其中结核部分最坚硬，是烛台石的“烛焰”。

还有一种拱状石，巨大的岩块下部被掏空，成为一个“拱”形。它也是海浪的杰作，巨型岩石块的下部较软，容易被海浪侵蚀成为往里凹陷的海蚀洞，久而久之，洞的两端被打穿形成“拱门”，地貌学上也称为“穿洞”。

此外，野柳海岸的奇形石还有许多，按照形象分别被冠以“海狗石”“海龟石”“象石”“龙头石”等名称。其实它们都是质地坚硬的石灰质结核或砂岩，经海浪差异侵蚀作用形成的。

从野柳往东南方向10千米是和平岛和八斗子，那里也发育有良好的海蚀崖和各种海蚀地形。和平岛以“千叠敷”和“万人堆”闻名，这里原是一个海蚀平台，因受海水侵蚀而与陆地分开。平台由交叉节理十分发达的石灰质砂岩组成，海水、波浪顺节理侵入使平台面成为大小不等的块状，因其形状像豆腐而被称为“豆腐岩”。海蚀平台的面积相当广阔，“豆腐岩”遍布其上，由此被称为“千叠敷”。海蚀平台上还有一些较硬的石灰质块石，一颗颗突起于平台上，远看像许多人头，故而得名“万人堆”。八斗子海岸最具特色的地形是隆起的“波蚀棚”，形成于交互成层的薄层砂岩和页岩，由于砂岩抵抗侵蚀的能力较页岩为强，因此砂岩处突起，页岩处凹入，远望好像一个大的洗衣板，又如大海的波纹，十分有趣。

北海岸的终点是鼻头角。它正好位于东西向海岸和南北向海岸的折转点，实际是一个突出的岬角。沿着鼻头角海边漫步，观赏那碧蓝的海水冲击岩壁，激起层层白得像牛奶的浪花，着实令人陶醉。

P40：在东北季风和海浪的冲击下，台湾北部野柳附近形成广阔的海蚀平台。因岩性软硬程度差异，倾斜的硬岩层在平台上形成一排排的突起。

P40～41：野柳龟吼村海岸晨曦中的玫瑰岩。具有接近水平层理的石灰质砂岩，海浪顺层理入侵，形成了层圈状的沟纹，状如绽放的玫瑰，与前方耸立的海蚀柱相映成趣。

Fuji-Hakone-Izu National Park 富士箱根伊豆

火山孕育的美景

P43上左：伊豆半岛三面环海，由于强地震频发，这里海岸线曲折破碎，岩层崩塌形成的断崖与海上岩礁林立，形成了一片独特的风光。

P43上右：富士箱根伊豆公园中的白丝瀑布被当地神社拜为神瀑。富士山的雪水从熔岩断层处常年喷涌而出，从一面宽200米、高20米的U字形山崖上一泻而下。这无数细流形成的瀑布景观，就像无数的白丝垂下，“白丝瀑布”因此而得名。

P42～43：夏季，富士箱根伊豆国家公园植被茂密，富士山顶的雪盖被朝霞染成金色。“富士五湖”是富士山喷发形成的火山堰塞湖，其中以河口湖的湖岸线最长，在旅行者中最负盛名，而五湖中面积最大的山中湖也在图中隐约可见。

富士山作为日本的一个天然标志，已是闻名遐迩，而箱根伊豆的名气就小得多。其实富士箱根伊豆是由三个景观各异的地方组成的大公园，在这里你会真切地感受到大自然的创造力是何等伟大和神奇。远古时期一系列的地球板块碰撞所造成的断裂与隆起，火山喷发等惊天动地的地质活动，将富士箱根伊豆地区塑造成一幅惊世奇观。公园由日本的最高山峰富士山、濒临芦湖的箱根和伊豆半岛共同组成，总面积超过1 200平方千米，是日本最大的公园。

横跨日本静冈县和山梨县的富士山，位于东京西南方约80千米处，不但是日本最高峰（主峰海拔为3 776米），还是一座三重式的破火山。“富士山”之名在日本少数民族阿伊努族的语言中，为“火之山”的意思，有史以来曾喷发过18次，但从1707年以来，一直处于休眠状态，故又称“睡火山”。富士山因山体呈优美的圆锥形而闻名于世，是日本的神圣象征。

在日本，人们认为登上富士山顶的人是英雄。每年七八月份，登富士山的人络绎不绝，他们来自世界各地，人数超过30万。天气晴朗时，可在山顶看日出、观云海，欣赏变幻莫测的美景。其中“三大圣岳奇景”最让人难忘：一是富士钻石之奇，每当太阳从富士山顶升起和落下的瞬间，红红的太阳仿佛一个巨大的闪闪发光的钻石镶嵌在山顶，呈现出一幅神圣的画面；二是富士云朵，由于特殊的气候条件孕育了一种独特的飞碟云，按形状可分为20种帽子云和12种卷云，是富士山的一大胜景；三是八峰拱卫之威，山顶的边缘矗起剑峰、白山岳、久须志岳、大日岳、伊豆岳、成就岳、驹岳和三岳8个山头，号称“富士八峰”，烘托出富士山的神威。

富士山以东箱根地区的山川、流泉、湖泊等自然景观大约形成于40万年前的火山活动，其中最著名的是芦湖和大涌谷。

P44: 青木原的“树海”是富士箱根伊豆国家公园的又一奇观，这里是熔岩台地地形，在海拔1 000米左右的富士山脚下。公元9世纪以来，其上形成了浓密深郁的原始森林。林中湿气氤氲，虬结的树根上布满青苔，漫步其中，颇有沐浴森林的感觉。

P44～45: 从空中俯视兀立在云层之上的富士山。形态优美的圆锥体上，呈现出一个完整的火山口。

环绕火山口周围的陡峭山地被称为外轮山。箱根火山休眠日久，其外轮山早已绿草如茵、花木成林。被外轮山环绕的火山口积水成为芦湖，其学名为“火山堰塞湖”。它海拔724米，面积7平方千米，最深处45米，湖岸线长20千米。湖岸绿树成行，湖水清澈湛蓝。乘坐湖中的“海盗船”，荡游在湖面上，四周多彩的风景尽收眼底。晴天时不仅可从这里远观终年积雪的富士山，还能在淡青色的湖水中欣赏倒映的富士山雄姿，此情此景被誉为“玉扇倒悬东海天”，为箱根一景。

箱根的另一奇景是大涌谷。绿树环抱的箱根唯独此处山岩裸露，岩缝间喷出热腾腾的地热水雾，从一些较宽的裂缝内，喷出大量的硫黄蒸气，令人感到地球生命脉搏的跳动，这种来自地心的壮观与神奇，让人流连忘返。站在大涌谷的高处，箱根公园几乎一览无遗。绿树成荫，碧波荡漾，袅袅升起的云烟是箱根公园的特色所在。大涌谷的硫黄温泉呈灰白色，温度高，经它煮过的鸡蛋呈黑色，黑里透出白与红，当地人称之为“黑玉子”，独具风味。来箱根旅游的人，无不争

相品尝。

伊豆景区由地形复杂的伊豆半岛和伊豆诸岛组成，它的形成是地壳隆起、沉降、海蚀以及海底火山喷发共同作用的结果。整个伊豆半岛就是一个巨大的火山地貌博物馆，几乎收藏了地球上火山活动形成的所有景观。伊豆半岛到处可见海底火山的痕迹，比如堂岛崖壁上排列整齐的火山地层、中木港小岛崖壁上的柱状节理等，都是典型的火山地貌景观。

伊豆优美的海景尤其令人陶醉。在半岛西岸的海湾内，有许多由灰白色凝灰岩构成的小岛，像一粒粒散落在海上的珍珠。最南端石廊崎海蚀崖的眺望台是观海景的绝佳场所，在这里能真切感受到“海天一色”的神奇意境。

除此之外，伊豆的每座岛屿都自有特色，如伊豆半岛上的瀑布景观，大岛上的山茶花、杜鹃花，八丈岛上的亚热带风光，新岛的冲浪乐园，式根岛的海中温泉，神津岛的温泉和白沙海滩，等等，无不别具一格，引人入胜。

中华人民共和国
台湾岛
东沙群岛
下龙湾
海南岛
老
越
湄
公
河
呵叻高原
泰国
挝
西沙群岛
中沙群岛
黄岩岛
菲
律
宾
南
柬埔寨
南海
南沙群岛
巴拉望岛
苏禄
泰国湾
马来西亚
曾母暗沙
文莱
马来西亚
苏拉威
印度尼西

Halong Bay 下龙湾

石与水书写的诗篇

P46：云雾朦胧中的下龙湾晨景。

在碧波荡漾的北部湾海面上，有一片星罗棋布、姿态万千的山岛，有的如直插水中的筷子，有的如浮在水面的大鼎，有的如奔驰的骏马，还有的如争斗的雄鸡。群岛之中尤以蛤蟆岛最有名，它形如一只端坐在海面上的蛤蟆，嘴里还衔着青草，栩栩如生，令人惊叹。这些奇岩怪石与碧海蓝天和谐地构成了一幅绝美的图画。这里究竟有多少岛屿、多少山峰，至今没有精确的统计数据，据说有3 000多座，已被命名的山、岛就有1 000多座。这就是被列入“世界自然遗产名录”的越南下龙湾。

下龙湾位于南海西北部的北部湾，地处热带北缘，离越南首都河内150千米。这里是一种发育得很好、一半沉入海中的喀斯特峰林地貌，与中国广西桂林喀斯特峰林同属一个类型。下龙湾地区早在5亿～4.1亿年前还是一片深海，到3.4亿～2.5亿年前由于地壳的抬升而变成浅海，大量海洋生物残骸堆积演化为深厚的石灰岩，构成喀斯特地貌发育的基础。2 000万年前，全球大多数地方都处在干燥气候笼罩下，而这里却是温暖湿润的热带、亚热带气候环境，这里到处繁殖着茂密的羊齿植物，地面遍布泥潭和沼泽，特别有利于喀斯特地貌的发育；到了第四纪又经历了多次海侵和海退，使得石灰岩峰林体一半埋于水下，一半露出水面，造就了这一独特

的海上峰林奇景。

喀斯特是大自然用几亿年书写的“史书”，记录着沧海桑田在这里反复演绎的故事。这里的峰林有的呈塔状，有着陡峭的崖壁，高约50～100米；有的呈锥状，坡度较缓，高达100～200米，各个圆锥的底座是连在一起的，所以也称为峰丛；峰林或峰丛之间是峰丛洼地或峰林平原，今天已被海水淹没。如果有一天海水退去，下龙湾将呈现出与中国桂林相同的景观，因此下龙湾也被称为“海上桂林”。相同的是，它们都是石灰岩被水溶蚀而形成的喀斯特地貌；不同的是，桂林是漓江风景，精美玲珑，而下龙湾是一片海上景观，恢宏壮美。

当你乘船进入下龙湾时，那种塔石如林的感觉没有了，仔细端详就会发现，各岛虽形状不一，却都隐藏着许多大大小小的溶洞，其中数木头洞最具特色，有“岩洞奇观”之称。这个奇妙的岩洞位于海拔189米的万景岛最高峰的半腰，洞口不大，洞内却十分广阔，共分为三层，最大的外洞大厅可容数千人，从洞顶垂下

P47上：石灰岩岩壁在水中形成一个隐秘的礁湖。

P47下：下龙湾的石灰岩岛屿形态各异，有些地方形成巨大的水上隧道和拱桥，成为船行的通道。

P48～49：月光映照下的下龙湾水上喀斯特峰林，宛如海上仙山。

来的钟乳石，形成各种活灵活现的动物形象，如同奇妙的动物园。

另一个著名的岩洞是中门洞，中洞长8米，宽5米，高4米，游艇可一直开进洞中。洞里各种喀斯特地貌共同构成了一个精美的艺术馆。再穿过一个螺口形的洞口，就进入了长方形的内洞，内洞长约60米，宽约20米，洞内钟乳石错落有致，雕像造型十分生动。

万景岛以西3 000米有一座土岛。岛上有一幢八角形的红瓦楼房，掩映在青松、白檀丛中，既简朴又美观，是越南已故胡志明主席生前游览下龙湾时休息的地方。

下龙湾不仅山清水秀，而且物产富饶，这里的气候和地形适宜各种热带鱼类生活，而河口丰富的食饵正好为它们提供了取之不尽的养料。

在下龙湾有着近乎原始状态的热带丛林，生活着多种野生动物，如巴门岛上的野猪、梅花鹿，若岛上的红鼻猴等，深受游客喜爱。特别是红鼻猴，极为顽皮、大胆，见到陌生人，就成群结队地跑到海滩上跳跃、欢呼。

下龙湾还有许多标志性景点：天宫洞、香炉石、赛辛岛、三宫洞、人头石、穿洞、迷宫洞、万门渔村、仙翁洞、玉晕岛、三窖湖等，这些大自然的点睛之笔，更能让人强烈地感受到大自然的神秘和伟大。

Kalimantan

加里曼丹岛

奇异的雨林世界

P51上左：一只飞蛙奋起一跃，就像在飞翔一样。

P51上中：在沙捞越州茂密的猪笼草中栖息着的蛙类家族，为这里带来勃勃生机。

P51上右：诗巴丹岛附近温暖的浅水珊瑚礁是绿蠵龟的乐园。由于人类的捕杀和栖息地被破坏，这种大型的海龟已经濒临灭绝。

P50～51：位于加里曼丹岛北部的丹南谷自然保护区，属于马来西亚沙巴州，是一个奇异的雨林世界。

地球上有一个最古老、最原始的热带雨林区，那里的物种数量多得令人惊叹，许多其他地方找不到的物种在那里安了家，比如世界上最长的蛇，世界上最大的飞蛾，世界上最小的松鼠和最小的兰花，等等。在那里，你可以看到巨型青蛇正扭动着攀过一根树干，猴子在树枝间荡来荡去，树丛、藤蔓、流水、沼泽几乎覆盖了全部土地。如果站在耸立海边的山丘上，可以俯视周边的深蓝色海洋、银色的沙滩和水下隐约可见的珊瑚礁。这就是最富特色的加里曼丹岛，也称婆罗洲，一个少为人知却十分奇特的雨林世界。

加里曼丹岛位于亚洲东南部，大巽他群岛中部，面积约74.3万平方千米，是世界第三大岛，分属印度尼西亚、马来西亚和文莱三个国家。加里曼丹岛地跨赤道，这一优越的地理位置使它拥有了奇异的自然景观，以热带雨林、野生生物闻名于世。

耸立在加里曼丹岛北端的基纳巴卢山海拔4 101米，不仅是加里曼丹岛的最高峰，也是整个东南亚的最高峰。山顶全是花岗岩，峰形奇兀，是岛上各个族群的神圣象征。马来西亚围绕这座山峰建立了国家公园，园内有1 500多种兰花、27种杜鹃、450种蕨类和10种罕见的食虫植物。雨林中37米处的高空建有一条悬空走道，专门用于游客观赏野生生物。公园附近有波令温泉，人们在此可以一睹世界上最大的花卉——此地独有的莱佛士花的风采。这种花形体庞大，最高纪录为直径1米，厚2厘米，重7千克。这些花无根、茎、叶，只开一次花，一朵花只结一粒种子，并且只有寄生于匍匐地面的藤本植物才能发芽，一旦寄生失败就无法开花，所以只有幸运之人才能见到这种奇异的花卉。

加里曼丹岛的野生动植物种群十分丰富。这里是红毛猩猩、马来熊、犀牛等濒危物种的家园，加里曼丹岛象、犀鸟等都是这里特有的动物。红毛猩猩体形虽大，但性情孤独而安静，以水果为主要食物，它们所吃的水果种类多达300余

P52：位于加里曼丹岛东北部的基纳巴卢山，海拔4 102米，是东南亚地区最高峰。

P53：攀爬于树上的红毛猩猩，主要以水果为食，最喜欢的是榴梿果，性格孤僻喜安静。

种，其中榴梿是它们的最爱。为保护红毛猩猩，雨林中建有西必洛类人猿保护中心，但所有动物在这里来去自由，马来熊、犀牛、加里曼丹岛象、夜猫等其他野生动物在这里同样受到保护。

在马来西亚沙捞越州的热带雨林里，耸立着一处石灰岩胜景，溶蚀作用造就了这里奇特的热带喀斯特峰林地貌和绵延地下的溶洞。色彩鲜艳、号称“马来西亚国鸟”的犀鸟在这里自由地飞翔，还有大飞鼠、飞蛙和数百种蝴蝶，这就是加里曼丹岛著名的姆鲁山国家公园。一些在其他地方原本不会飞的动物，在这里却被赋予了“飞”的神力，有30多种动物都具有滑翔的本领。当它们从一棵树移动到另一棵树时，不需要下到陆地再去攀爬，而是瞬间滑翔过去。很多人为了欣赏它们那优美的滑翔风姿，不惜长时间耐心地等候。

加里曼丹岛的北端是伸向南中国海的摩拉德巴斯半岛，这里建立有巴科国家公园。雨林里生活着长尾恒河猴、银叶猴、体长2.5米的巨蜥、大蕉松鼠、野猪等。最有趣的要算长鼻猴了，它是加里曼丹岛特有的物种，是世界上体重最大的猿猴，有着粉红色的长鼻、肥肥的肚子、厚厚的白尾、灰色的腿和橙色的背。长鼻猴以家庭为单位集体生活，而“单身汉”们则聚在一起打发日子。在丛林中还可以发现罕见的食虫植物。加里曼丹岛还有一种身长仅8.8毫米的鱼，在世界上已知的最小脊椎动物中排名第二。

在巴科公园海边还有着另一番精彩：波浪的常年侵蚀、拍打，形成了一系列的海蚀崖、海蚀洞、海蚀穴，以及凸于海上的岬角、凹入内陆的沙滩。加里曼丹岛的东北端不远处有西巴丹岛等岛屿，这里的海水特别纯净、清澈，孕育着世界上最丰富的珊瑚礁。耀眼的珊瑚形态各异，有蘑菇葵花珊瑚、甘蓝珊瑚和脑珊瑚，呈现出红、黄、绿、蓝、紫等缤纷色彩。

毋庸置疑，加里曼丹岛确实是一个充满奇异生命的神秘之地，它自然、原始又充满活力，野生生物、珊瑚礁、洞穴和雨林让加里曼丹岛成为东南亚一道最绮丽的风景线。

爪哇岛 Java Island

火山的家园

P54上左：婆罗摩火山是一座活火山，它爆发时喷出的烟气蔽日遮天。

P54上右：婆罗摩火山的火山口，烟气正从火山口内冉冉喷出。

P54～55：婆罗摩火山日出景色。远处阳光照耀着大海，近处云雾缭绕。圆锥形的火山山体上充满了条纹，这是火山喷出的熔岩经流水侵蚀而成的。

你攀登过巨大的火山体吗？领略过与地球之心相通的火山口的风采吗？如果想体验一下，那就到印度尼西亚的爪哇岛吧。在爪哇岛上，耸立着一个个圆锥形的山体，在云雾中时隐时现。从山脚往上，开始时地形坡度还比较平缓，绿草遍野，林木茂密，一派青翠；慢慢地坡度变陡，植被也逐渐减少；再往上，只剩下光秃秃的岩石。抬头望去，一个由陡峭山崖环绕的巨大山体呈现在眼前。只有那些勇敢者才会攀上陡峻的山崖，站在山顶看到那黑洞洞的仿佛要将一切都吞噬下去的深渊。是啊！这就是火山口了，它的下面是直通地球内部深处的火山颈。从这儿，我们可以探索深藏在地球内部的奥秘。

火山作为一种活跃的地质现象在全世界并不少见，但要真正近距离地观赏大规模的火山喷发却并不容易，空间上的距离和时间上的局限成为制约因素。然而在爪哇岛却具备观赏火山的有利条件。从位置上看，有的火山比较靠近大城市，交通方便，印度尼西亚首都雅加达就位于爪哇岛西北面。而且爪哇岛是一座火山岛，共有火山112座，其中35座是活火山，喷发频繁是它最大的特点。同时，这里海拔较高，58座火山的海拔都在1 800米以上，其中14座超过3 000米。海拔3 676米的塞梅鲁火山位于岛的东南部，是全岛的最高峰。长期以来，这里一直是火山爱好者神往的地方。

婆罗摩（Bromo）火山是爪哇岛所有火山中最负盛名的一座，既有自然风光又有民族风情，是爪哇岛最具魅力的旅游景点之一。它位于东爪哇，在泗水西南面150千米的婆罗摩—登格尔—斯摩鲁山区国家公园内，是登格尔山的三座活火山之一。婆罗摩火山海拔2 393米，位于登格尔山巅，欲登婆罗摩火山必须先攀登格尔山。登格尔山犹如一个被削去尖顶的圆锥体，在顶部形成一个边缘高而中部低的大台地，南北宽9千米，东西长10千米。台地上一片由火山灰形成的沙海

P56上：远望印度尼西亚爪哇岛登格尔山的婆罗摩火山。

P56～57：积水在火山口汇聚形成火口湖，湖边仍有烟气喷出。

中矗立着三座活火山，婆罗摩火山即为其中的一座。实际上婆罗摩本身就是一个巨大火山口内套着的另一个火山口，边缘耸立着高约350米的石壁。站在山顶，附近的登格尔高地景色一览无遗，既有不断冒烟的火山锥，还有大峡谷、湖泊、瀑布、洞穴及高山森林等自然景观，凉风扑面，四周白云缭绕，犹如置身仙境。

爪哇岛多火山且多活火山，主要归结于它特殊的地质构造。这里地处亚欧板块和印度洋板块的接合部，属于环太平洋地震与火山活动带，地壳极不稳定，地质过程活跃，多地震和火山喷发是必然结果，历史上有着大量火山喷发的记载。

火山喷发出的火山灰含有很多矿物质，洒落在地面使土壤变得肥沃。正是由于火山喷发形成的沃土，再加上宜人的气候，使爪哇岛成为印度尼西亚经济最发达的地区之一。然而，火山喷发也会给人类的生命财产带来损失。2010年10月26日，爪哇岛上的默拉皮火山发生了一次灾难性喷发，烟柱直冲云霄，喷出的大量火山灰和灼热的碎石不仅迫使上万人转移，还造成人员伤亡。

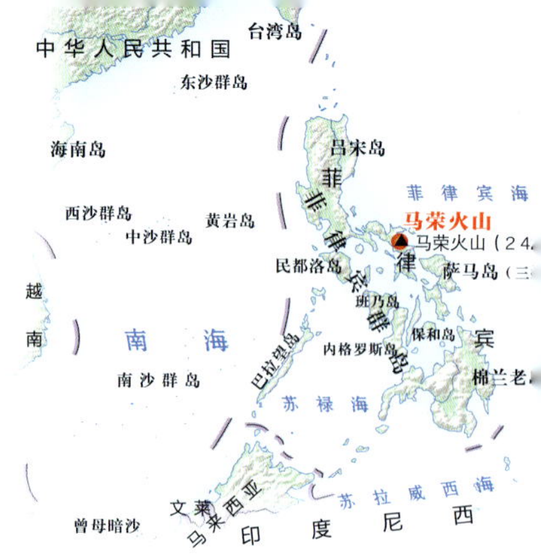

Mayon Volcano

马荣火山

世界第一圆锥之美

P58：马荣火山夜景。

P59：正在喷发的马荣火山，从地心涌出的火红的熔岩流释放出巨大的热能。

乘飞机从菲律宾首都马尼拉向南，飞到吕宋岛南端时，透过舷窗，你会看到一座巨大圆锥体，兀立在太平洋边，锥体顶部冒着袅袅烟雾，这就是菲律宾著名旅游胜地马荣火山。它北距马尼拉约340千米，方圆130多千米，黎牙实比市是离它最近的城市。

虽然许多火山都具有圆锥体的外形，但与马荣火山相比就大为逊色了。从形态看，一般的火山锥由于受到后期的侵蚀，外形上或多或少会有缺陷或裂口，影响美观；而马荣火山的圆锥体，简直就像画出来的几何图形一样标准，且表面光滑无瑕，形态完美，被称为“世界第一圆锥”。同时，马荣火山的海拔高度达2 421米，矗立在浩瀚的太平洋边上，山水相连，云雾缭绕在半山腰，烟气从山顶冲出，景色朦胧。特别是它喷发时，火龙似的熔岩流滚滚而下，火山灰遮天蔽日，红蓝相映，可谓天地间的一大奇观。

除了少数勇敢的挑战者以外，一般的游客不可能到达火山口去欣赏那里的奇景。要想近距离观赏马荣火山，最佳的去处是登上与之相邻的狮子山。在狮子山的进门处有一条隧道，是二战时期日本人开凿的，后来被美国人炸毁，但旧貌犹存。登上狮子山顶，马荣火山全貌也就一览无遗了。体态圆美的火山，在碧蓝大海的衬托下，那种意境，无法不令人遐想。此外，从大汝阁教堂观赏马荣火山也是不错的选择。教堂建于1773年，全部用火山岩建成，正面雕刻有美丽的花纹，

也算是一处古迹了。

马荣火山是一座活火山，400年来共喷发过40多次，以8～10年为一周期，很有规律性。火山喷发带来了动人心弦的自然奇景，对那些探险者和专门研究火山的专家学者而言，能观察火山爆发的全过程是一种莫大的幸运，但对当地的民众来说，却是一种灾难。1993年2月马荣火山大喷发，导致77人丧生。从1月6日喷出由水汽和火山灰组成的烟云开始，经过一个半月的酝酿，到2月23日，马荣火山一天内释放出的二氧化硫多达4 000吨；2月24日凌晨，终于出现惊天动地的大爆发，最强烈的一次喷发竟高达6 000多米。火山专家估计，马荣火山的这次喷发共喷出灰尘、石块、巨石和熔岩达45亿立方米之多。历史上马荣火山最大的一次爆发是在1841年2月，当时山下一座名为卡格萨瓦的村庄遭岩浆掩埋。卡格萨瓦村的废墟今天已成为一处旅游景点，供人参观。

菲律宾处于亚欧板块和菲律宾板块的交界处，因为板块挤压作用，较重的海洋板块把较轻的大陆板块往上推，推挤过程中强大的压力及高热使得板块熔化，产生岩浆，岩浆在压力之下自然要寻找出路，沿着裂隙突破地壳向上冲，这样就形成火山。菲律宾境内有多达22座活火山，属于环太平洋火山带的一部分。但并不是所有火山都具有圆锥形的外貌，火山的喷发有中心式和裂隙式之分，只有中心式喷发，并且是以喷发偏酸性岩浆为主的火山才能形成圆锥状的外形。因为酸性岩浆的流动性较小，还没有流到很远就凝固了，而基性岩浆的流动性大，可以流到较远的地方，往往形成盾状或穹状火山。马荣火山喷出的是酸性至中性的安山岩，同时还有大量的火山灰喷出。火山灰层层落下，堆积在山坡上，就逐渐形成了圆锥形的外貌，这就是所谓的层状火山。

马荣火山下一次的爆发会在什么时候？这大概是广大火山爱好者以及科学家们最想知道的事情。

Sagarmatha National Park 萨加玛塔

“摩天岭”上的国家公园

P60：萨加玛塔国家公园内从南坡远眺珠穆朗玛峰。

P61：布满白雪的喜马拉雅山山脊与蓝天辉映，在黎明时分景色格外动人。

尼泊尔是世界著名的山国，呈一长条形雄踞喜马拉雅山南坡，在南北宽度平均只有170多千米的距离内，海拔从8 000多米一直降到200多米。巨大的高差形成了多样的生态环境，使这里成为一个包罗万象的天然生态园。其中著名的萨加玛塔国家公园坐落在珠穆朗玛峰南麓，北部与中国西藏珠穆朗玛自然保护区接壤，总面积1 244平方千米。萨加玛塔国家公园于1976年建立，是联合国教科文组织首批公布的世界自然遗产之一。

垂直多变的自然景观是这里的一大特点。高大的喜马拉雅山如同一道巨大的屏障，阻挡着北方寒流的入侵，又迎接着从印度洋吹来的暖湿气流。温暖的气候、丰沛的降水孕育出郁郁葱葱的森林，在公园入口处海拔已达2 800多米，但在山坡、河谷布满了橡树、松树、桦树等乔木。然而，随着海拔的升高，树木渐渐变得稀疏，植物种类也发生了变化，杜鹃、刺柏逐渐多了起来。再继续向上，森林就消失了，取而代之的是苔藓和地衣之类的低等植物。这些植物生命力顽强，经得起寒冷的考验和风雪的吹打。从海拔5 200米左右往上就是冰雪世界了，一直

上升到8 844.43米的珠穆朗玛峰峰顶。这儿一般人难以到达，却是登山爱好者的最高目标。

由于海拔高，积雪也是这里的一大特色。冬季和早春大雪封山，一片银装世界；夏天来临，低处的积雪逐渐融化，从珠穆朗玛峰和其他高峰流淌下来的条条冰川清晰可见，它们如同一条条长长的冰蛇慢慢地伸入森林，形成冰川与森林融为一体的奇妙景观。兰坦冰川是其中最大的一条，长达26千米。

雪豹、麝鹿、小熊猫、雅塔尔羊等都是受保护的珍稀动物，它们是这里的主人，每日自由自在地生活着。

“萨加玛塔”在尼泊尔语中是“摩天岭”或“世界之巅”的意思。除了世界第一的珠穆朗玛峰之外，还有6座海拔超过7 000米的高峰。巨大的地形高差不仅带来了美丽的自然景色，还造就了超一流的优质旅游资源，更极大地丰富了这里的生态环境。萨加玛塔所处的地理纬度较低，而地势又较高，所以这里气候宜人，夏无酷暑，冬无严寒，一年之中最冷的是1月，平均温度在−9～3℃；最暖和的是7月，平均温度为4～14℃。萨加玛塔公园降水丰沛，年均降水量有1 078毫米，其中6～9月降水量为845毫米。巨大的高差、较低的纬度、迎风的坡向，这些因素结合在一起，促成了萨加玛塔良好的自然生态环境。

居住在萨加玛塔国家公园内的居民主要是夏尔巴人，他们原是中国西藏的一个族群，四五百年前从西藏迁徙到这里，并常年生活在山区。他们体力充沛，有着良好的适应能力，能在高原负重并疾步行走。因此，夏尔巴人成为登山者的帮手。登山事业和旅游事业的兴起如今已经极大地改变了夏尔巴人的生活方式，平均每户人家都有一人从事着和旅游相关的工作。夏尔巴人多数是藏传佛教中的宁玛派，因此，萨加玛塔国家公园内有许多代表夏尔巴人文化的寺院庙宇，成为颇具特色的景点。

The Maldives Atolls | 马尔代夫环礁

地球上最后的乐园

P63: 从空中俯瞰马尔代夫，一个个椭圆形的珊瑚礁平躺在海面上。

穿越南亚次大陆，掠过美丽的岛国斯里兰卡，有一串白沙环绕的绿色岛链出现在碧波万顷的印度洋海面上。有人说这是上帝抖落的一串珍珠，也有人形容它是一片片碎玉，这两种形容都很贴切，拥有白色沙滩的海岛就像一粒粒珍珠，而海岛旁的海水就像是一片片美玉。这就是由一长串珊瑚礁岛组成的国家——马尔代夫，它南北长达764千米，最南端一直延伸至北纬4°。

马尔代夫是一个名副其实的海洋国家，孤零零地悬在大海中，离最近的国家斯里兰卡也有675千米。虽然面积号称有9万平方千米，但陆地面积仅有298平方千米，由近1 200个小岛组成，其中仅199个岛有人居住，全国人口不过40万，可以说是一个袖珍国家。正是这种幽静和独特的环境使马尔代夫获得“地球上最后的乐园”的美誉。

“水上屋”是马尔代夫民居的特色，到那里观光旅游，一定要入住颇具原生态韵味的水上屋才能体验到马尔代夫的独特韵味。每间屋子都是独立构建，斜顶木屋的样式，原生态的茅草顶，依靠钢筋或圆木柱固定在水面上。屋子距离海岸大约10米左右，凭借一座座木桥连接到岸边。有的水上屋更为潇洒，没有木桥连接，而是靠船摆渡。由于水上屋直接建造在蔚蓝透明的海水之上，住在其中，俯视海中五彩斑斓的热带鱼，环顾周围雪白晶莹的沙滩、婆娑美丽的椰树、返璞归真的茅草屋，你会完全忘记世俗的喧嚣。

到马尔代夫旅游，观海无疑是最大的主题，娱乐活动也大多与海水有关。潜水、划水、冲浪、帆板等紧张刺激的运动适合于勇敢者，普通人则可以乘坐独木舟或快艇游览小岛。在深夜或凌晨乘独木舟钓鱼，或者乘玻璃钢船潜入海底观看海底世界，都会带给你完全不同的体验。马尔代夫开发较好的岛屿包括天堂岛、满月岛、卡尼岛、法鲁岛、班多士岛、拉古娜岛、泰姬岛等，人们到这里可以享受天堂般的生活，在白色的海滩上惬意地沐浴阳光，或者悠然自得地在大海中遨游。

马尔代夫之美与珊瑚有很大关系。珊瑚只生长在温暖的海洋环境中，对海水的盐度也有一定要求（2.7%～4.0%）。此外，珊瑚生长还需要有足够的光线，浑浊的水体会使珊瑚窒息。马尔代夫所处海域靠近赤道，海水清澈，非常符合珊瑚生长的要求。珊瑚虫和其他造礁生物、石灰质藻类生活在一起，构成庞大的石灰质结构体。珊瑚虫死后，石灰质骨骼就积累下来，而它的后代又在这些骨骼上繁殖，使珊瑚体不断增大，如此长年累月地堆积，形成水下礁石，称为珊瑚礁。当

P64：双吻前口蝠鲼是一种生活在热带海洋中的软骨鱼，游弋在马尔代夫附近海域。

P65上左：从空中俯瞰马尔代夫岛礁，岸边生长着棕榈树。

P65上右：马尔代夫马门德霍岛的水下红珊瑚。

P64～65：马尔代夫海域，海洋浮游生物十分丰富，它们穿行、游弋于珊瑚礁之间，这里是它们繁衍生息的乐园。

地壳上升，这些珊瑚礁露出海面即成珊瑚岛。马尔代夫就是由一系列珊瑚岛礁共同组成。珊瑚礁可分为裙礁、堡礁和环礁三大类，组成马尔代夫的珊瑚岛都是环礁。在平面上环礁呈不连续的环带状，中央是很浅的潟湖，外缘与深邃的海盆相邻，有水道沟通潟湖和外海。靠近海面的珊瑚礁体常年经受风浪的磨蚀、冲刷，成为纯净的珊瑚沙，形成细软、洁白的银滩，是天然优质的海水浴场。

珊瑚礁组成的海岛美景成为马尔代夫优质的旅游资源，给这个国家带来了丰厚的财富，但是也存在着很大的隐患。马尔代夫的岛礁全部位于低海拔地区，全国陆面平均仅高出海面1.5米，八成国土的海拔低于1米。随着全球变暖，海平面的上升速度超过了珊瑚礁的生长速度。科学家预测，最快再有一个世纪，这些岛屿就将被海水逐一吞噬。

Negev and the Dead Sea

内盖夫和死海

不同海拔下的神秘景观

P66～67: 从以色列约旦河西岸一侧内盖夫高地遥望死海。

内盖夫（Negev）和死海（Dead Sea），深藏于西亚内陆，同处于气候干旱的沙漠环境下，宁静的旷野、蔚蓝的天空和纯净的空气是这里最大的特色。然而，内盖夫海拔在300～600米，是沙漠中的高地。而死海海拔在海平面以下415米，两者相差700～1 000多米。如此的高差，让内盖夫和死海呈现出两种决然不同的景观。

内盖夫位于以色列南部、亚喀巴湾之北。它并没有一条确切的自然界线，只是一片高地，面积大约有1.3万平方千米。这里是典型的干旱区，人们经常会将它与“沙漠”相混淆，但实际上，它并不是真正意义上的沙漠。沙漠的特征是白天酷热，晚间凉爽，地表全被沙子或沙丘覆盖；而“内盖夫”的含义是干燥的土地，由于它海拔略高，气候比真正的沙漠要凉爽一些。内盖夫特有的地理环境产生了一种令人震撼的日落美景。当太阳快落山时，突然之间，整个天空仿佛被火红的色彩所渲染，周围的岩石也都披上了绚丽的彩装。落日似乎故意在这里逗留，让人们欣赏到它最美

的一瞬间，感受自然界的大美风光。

内盖夫有着多样化的地形，既有高地，也有谷地，甚至一部分地区还有可灌溉的耕地。内盖夫高地上有许多著名的历史文化遗址，古代纳巴泰王国的遗址已被辟为国家公园。

内盖夫高地并不寂寞，这里繁衍生息着多种干旱地区特有的动植物。每年春天，内盖夫野花盛开，2～4月，“沙漠”内会上演一场“色彩秀”， 各种花卉竞相绽放，尤以鸢尾花（也称蝴蝶花）最为美丽。内盖夫的耶罗罕还建立了专门的鸢尾花保护区。

内盖夫原有大量的野生动物，包括羚羊、野驴、鸵鸟等，由于人类的滥加捕杀，只有小羚羊、野生山羊等才幸存下来并受到自然主义者的保护。现在这里建立了海巴尔野生动物保护区，羚羊、野驴被重新引入。这里的动物一般夜间比较活跃。在谷地内一些常有地下水溢出的池塘，是鹤、鹰、鹈鹕、秃鹰等迁徙鸟类在此饮水和歇脚之地。特别是艾因阿弗达特峡谷，它位于内盖夫深处，壮丽而又安静。谷底是齐恩干河的河床，由于降雨稀少，一年中大都处于干涸状态，一旦暴雨降临，峡谷内就会形成洪水奔流的壮观场景。这里虽然人烟稀少，却是野生动物的乐园，山羊、沙鼠、沙漠猎豹以及野鸽等都在这里生息。峡谷谷底有许多水塘，受地下水补给而常年有水，成为野生动物的生命之源。

死海位于内盖夫的东北，以色列、约旦、巴勒斯坦交界的深谷之中。死海没有潮起潮落，在阳光的照射下，海面像一面古老的铜镜，熠熠生辉。岸边没有花草树木，亦没有群鸟嬉戏，水里也没有水草鱼虫，但却是闻名世界的自然景观。

死海有两大特点：低和咸。低，体现在它的湖面高程为海平面以下415米，是全世界地表最低之地，四周又有高地环抱，身临其境往往会有陷入深渊之感；咸， 是因为死海属于内陆湖泊，湖水的盐分高达300克/升，为一般海水的8.6倍，也是地球上盐分居第二位的水体（第一位是吉布提的阿萨勒湖）。由于盐度极高，大部分生物都难以在此生存，称其为“死海”可谓实至名归。

P68上：由于盐度高，死海内卵石边缘都布满了斑驳不平的盐结晶。

P68下：内盖夫地区气候干燥，风力侵蚀强劲，地面主要都是裸露的岩石和沙地，植被极其稀少，这里最大的特色是出奇的安静。

P69左：从以色列干燥荒芜的山谷向东看去，湛蓝的死海是唯一具有生命气息的景物。但是这块有生命色彩的水体正在加速干涸。

死海是经历了剧烈的地壳运动和气候变化而形成的。在约旦河－死海地沟的最低部，是东非大裂谷向北部的延伸部分，总体上是一块长期下沉的地壳，夹在两个平行的地质断层崖之间。到了250万年前，由于气候条件较好，大量河水流入死海，死海水面升高约215米，形成了一片广阔的内陆海。河水大量流入的同时也带来了大量的泥沙碎屑物，厚厚的沉积物堆积在湖底。但到最近一万年来，由于气候变干，湖面开始缩小、降低。而位于沙漠中的死海，降雨极少且不规则，年降雨量只有50～65毫米，加之纬度很低，日照强，湖水蒸发极其旺盛，每年蒸发量平均为1 400毫米。晴天多，雨水少，补充的水量微乎其微，致使死海变得越来越“稠”，咸度越来越大，成为世界上最咸的咸水湖之一。

死海虽然不是一个生存之所，但对人类来说却是一个疗养胜地。因为死海的水含盐量高，水的比重大，人体很容易漂浮在湖面上。同时，含有丰富的矿物质，浸泡其中具有一定的安抚、镇痛的效果，对关节炎等慢性疾病有一定疗效，每年都有数十万游客来此休假疗养。

一个不太妙的情况是死海正在慢慢地缩小，西亚中东地区的夏季气温经常高达50℃以上，死海不断地蒸发浓缩，湖水越来越少。唯一向它供水的约旦河水被大量用于灌溉，所以死海面临着水源枯竭的危险。

P69右上：死海是世界上含盐量最高的水体之一，哪怕不会游泳的人都可以轻而易举地漂浮在水面上，每年都有大量游人来此度假疗养，甚至躺在水中读书。

P69右中：以色列内盖夫提姆那国家公园自然景色。

P69右下：内盖夫沙漠并非全无生机，春天常被大片野花覆盖。早春时节，半日花遍野开放，将沙地点缀成大片粉色与白色。

*P70左上：*内盖夫不是完全荒凉的禁地，有很多适应干旱环境的野生动植物在这里生长。图中是在这里安家的两只小猫头鹰等待妈妈的归来。

*P70左下：*体魄健壮的野生山羊是内盖夫荒原上的主人。

*P71上：*强劲的风力持续地侵蚀着内盖夫的地面，一些比较坚硬的岩石也被吹蚀成残丘，侵蚀下来的岩石碎块由于长期的翻滚、搬运，被磨圆而成为带圆形的飘砾，散布在地面。

*P70～71：*浓云中的死海平静无波，云缝中射出一根根光柱，明晃晃地投在水面。在炎热的夏季，由于死海的蒸发量巨大，水体上方常形成浓雾，道道光线穿过时产生丁达尔现象，便出现这样的光柱，如有神谕。

卡帕多西亚 Cappadocia

神奇的“烟囱石”

在安纳托利亚高原的心脏地带，有一片暗粉色岩石构成的山峦，山谷中沟壑纵横，沟壑与谷涧内各式各样的石柱冲天而立，有的像树桩、有的像尖塔，更有些像蘑菇一样，在石柱的顶部叠置着大石块，仿佛被风一吹就要掉下来；有些石柱的一侧还有门，成了可供人类居住的洞穴。这些奇妙的天然石柱矗立在地面上，林林总总，绵延数千米，成为土耳其的一大特色景观，这就是著名的“烟囱石”。由于其景观特殊，地球上少见，宛如月球表面，因此有人称之为“类月地貌”。

然而，这个“类月”的地方并非荒无人烟，依然有小村庄散布其中。“居里美”是这里一个只有三四十户人家的小村庄，绝顶聪明的居里美人利用这些天然柱石建室造屋。他们把石柱拦腰掏空，下面铺地板，顶上描彩绘，四壁开凿窗户，融自然美和人工美于一体。有的石屋还被设成“空中餐馆”和“空中旅店”。从低矮的石门走进去，洞内豁然开朗，在灰暗的灯光下，给人一种回归原始穴居生活的奇妙感觉。村外的峭壁上，分布着众多的石穴，可沿铁梯爬进去，或顺着崎岖的羊肠小道攀上去。这些石穴很是壮观，门廊分上下两层，门楣还装饰着几何形的图案。原来这些都是有几百年历史的教堂或修道院，有的高仅十几米，有的高达几十米。岩石表面十分光洁，随着阳光和云影的变幻不断改变着自己的色调。

居里美周围的其他几个小村庄也各有特色。在两座并立的山丘上耸立着于斯希萨村。一排排整齐的大洞穴如蜂巢一般，彰显着古人的智慧和顽强。居里美村东边高大的山包上，曾是中世纪基督教士的驻地，柱体上凿有洞穴，顶端覆盖着直径足有十几米的圆盖，态势极为壮观。

卡帕多西亚还有一种地下奇观——地下城，其中尤以德林库尤地下城最为壮观，其面积2 500平方米，深55米，有

P72上左：卡帕多西亚位于于斯希萨村庄中的山谷和城堡。于斯希萨是卡帕多西亚的一个极富特色的村庄，从上到下有十几层洞穴，像个巨大的蜂巢。

P72上右：卡帕多西亚的地下城景观。地下城是利用凝灰岩的特殊结构开凿的，里面有七扭八拐的坑道，有各种设施完善的场所和通气孔，以前曾作为避难所使用。

P72~73：土耳其卡帕多西亚的居里美村，由于自然侵蚀形成的圆形凝灰岩柱极为壮观。

8层之多。顺着台阶往下，通过一条坑道上下相连。据说，这座地下城由赫梯人在3 000多年前开始修建，后来由基督教徒完成并长期使用。同山岩上的洞穴一样，地下城也是一处避难所。在拜占庭帝国早期的宗教迫害，以及后来阿拉伯人入侵时期，都曾有上万名基督教徒居住在这里。

卡帕多西亚烟囱山的特殊景观是火山活动和后期大自然与人类共同完成的杰作。卡帕多西亚是一片辽阔的火山高原，由5 000万～1.5亿年前的埃尔吉亚什火山和哈桑火山喷发而形成。第一次火山喷发后形成一层名为“石灰华”的较软岩层（火山凝灰岩的一种），它的抗侵蚀能力较低，在雨、雪、风力的作用下发育出圆锥形、金字塔形、蘑菇形、动物形和柱形等各种各样的形状。其后的喷发多是坚硬的安山岩和玄武岩，覆盖在凝灰岩之上形成具有保护性的表面，从而减缓了下方石灰华的侵蚀速度，并得以保存下来。进入人类历史时期后，这里在3 000多年前已是赫梯人的聚居之地，他们利用这里的软岩层凿山而居。赫梯人在这里日复一日、年复一年地挖掘，修建了各类教堂和修道院，使这里成为基督教徒传播与研究教义的中心，至今还存有150多座教堂和修道院。后来，基督教在土耳其沦为异教，教徒们为了躲避和抵抗外面的入侵又进一步向下挖掘，修建出迷宫似的地下王国。当然，如果地下不是这些软的凝灰岩地层，这种地下奇迹怕就难以出现了。

凭借独一无二的地貌形态和地质结构，卡帕多西亚成为人文与自然相结合最为典型的地区，不仅创造了人与自然的和谐，也创造了一个神秘世界。数百座地下城市以及在山中开凿出的巨型堡垒连接在一起，构成了一个规模庞大的建筑群落，成为自然界的一大奇观。

P74～75：耸立的卡帕多西亚尖塔状烟囱石，上下两层岩石具有不同的岩性，自然大师利用其差异，塑造出大自然的奇观。

Sinai Desert

西奈沙漠

半岛上的荒与美

P76下左：西奈山脚下的沙丘绵延在岩丘之间，沙丘上被风吹皱的水波状纹路与沙漠上空的高积云线条交相辉映。

P76下右：西奈红岩峡谷。

P77：黎明的曙光照耀着西奈沙漠，干燥荒凉的沙漠景观一览无遗，远处的死海一片宁静，与西奈沙漠遥相辉映。

在大多数人眼里，沙漠是一个自然条件非常严酷的地方，那里缺少生命，昏黄一片。然而，在另一些人的视野里，沙漠是地球上最美丽、最宁静的地方之一，沙漠是风力“大师”大手笔的“杰作”。既有粗犷的沙丘之美，又有细腻温柔的线条之美，这种美非比寻常，它绘制在天地之间，令人震撼。如果你希望感受一番，不妨走进西奈沙漠去看一看。

西奈沙漠位于西奈半岛上，占西奈半岛的绝大部分。西奈半岛是连接非洲及亚洲的一个三角形半岛，面积6.1万平方千米，西濒苏伊士湾和苏伊士运河，东接亚喀巴湾和内盖夫沙漠，北临地中海，南濒红海。东西最宽约210千米，南北最长约385千米，是埃及在亚洲部分的一块领土。从地形上看，西奈可分北、中、南三个区域。南边高山群立，除最高峰海拔2 637米的凯瑟琳山以外，还有海拔2 585米的乌姆绍迈尔山、海拔2 437米的塞卜特山及海拔2 285米的西奈摩西山等。在群山的北侧是一片由海拔900多米的高度向地中海倾斜的高原，表面有起伏的平原、岛状的丘陵以及连绵的沙丘，占西奈全境2/3的面积，也是最能体现荒漠特征的所在。

西奈的地理位置正好处在横贯北非和西亚的大干燥带内，除北部的地中海沿岸地区冬季雨量稍多外，绝大部分地区年降雨量均在100毫米以下，夏天干燥酷热，

春、秋两季则常伴有干燥的喀新风（khamsin，即南风）。在热风烘烤下，干燥成为这里气候的主宰，因而土壤表面崩解、沙化、盐化，是西奈呈现为荒漠景观的重要原因。

但是西奈沙漠并非都是由连绵的沙丘、沙山组成，走进西奈，你会看到许多因干燥和风力作用而破碎的山脉，组成山脉的岩石大都呈黄色或褐色，呈现出奇异的彩色岩层相间的构造。狂风咆哮着沿陡峭岩壁的谷底吹蚀，到处都是巨大的洞窟和凹坑，偶尔可以见到因地下水流出而形成的绿洲。落石的回音、动物的叫声四处回荡。由于西奈人口极其稀少，每平方千米仅1.2人，大地被孤寂所缠绕，来到这里更能体会纯粹自然风光的美丽，感受那不凡的宁静和微妙的色彩。

西奈南部的山区是整个西奈半岛景色最壮丽也最著名的地方。棕榈树沿着河床排列，随风摇曳。山脉由深红色的砂岩组成，其间夹着灰色和黄色，视觉上给人一种色彩斑斓的美。直插云霄的凯瑟琳山，大有舍我其谁的霸气。山区的东侧是亚喀巴湾，这里的海水带有青绿色，有红色的珊瑚和大量的热带鱼、数百种软体动物和甲壳类动物，呈现一派勃勃生机。西奈半岛南端的圣凯瑟琳修道院被联合国教科文组织列为世界文化遗产，由东罗马帝国在1 400多年前修建。从圣凯瑟琳修道院往南，在蜿蜒的山路上穿越秀美奇特的山峰和沙丘，宛若置身画中。西奈半岛最南端红海海滨的“和平之城”——沙姆沙伊赫，是埃及最负盛名的旅游度假胜地。细软的沙滩、温柔的海水、充足的日照、几乎没有污染的红海珊瑚礁海域与光怪陆离的海底奇观，吸引着来自世界各地的游客。

其实，位于北部的西奈沙漠也不是绝无生命，那里生长着一些极其顽强的植被，它们能够适应含盐的沙土和干热的环境。在一些绿洲中还可以看到绿色的棕榈树和无花果树。白色的阿拉伯羚羊、努比亚山羊、沙漠鼠、沙鼠、沙漠狐狸、阿拉伯狼等动物也在这里生存、繁殖。岩石虽然是没有生命的，但也有着生动的色彩，不同的构造显示了它们在地质上的多样性，会使人生出许多遐想，吸引人们去观察和探索。

Lake Baikal

贝加尔湖

嵌在群山中的“天然之海”

P79上：贝加尔湖四周环山，雨后帕斯恰亚湾湖滨的悬崖若隐若现，伴随着一缕彩虹，组成一幅迷人的画面。

P78～79：在奥利洪岛最北边的悬崖上，可观看贝加尔湖的辽阔水面。5月末已是初夏之时，湖面上依然有浮冰未化。

打开亚洲地图，可以发现俄罗斯西伯利亚的大地上有一个湖泊，如一轮弯月镶嵌在群山之中，这就是全世界最古老、最深邃、蓄水量最宏大，且生物资源最丰富、最独特的淡水湖——贝加尔湖。

贝加尔湖形成于长条形的峡谷中，从东北向西南延伸约达640千米，宽度只有25～75千米，显得十分苗条。然而，湖泊水深平均744米，最深点1 680米，荣获“世界湖泊深度之最”称号。贝加尔湖面积3.15万平方千米，居世界第七位。由于深度大，蓄水量十分惊人，据测定，贝加尔湖的总蓄水量达23.6万亿立方米，约占地球不冻淡水资源总量的1/5，其所容纳的淡水够人类喝100年。美国科学家说：如果贝加尔湖是空的，全世界所有大小河流都流入这里，大约需要一年的时间才能灌满。在湖周围共有336条河流注入，只有一条河——安加拉河从贝加尔湖流出，从而保证贝加尔湖有充足的水量补给。“贝加尔”一词源于布里亚特语，意为“天然之海”，就是说它的水量大，可以与海相媲美。中国汉代称之为“北海”，当年苏武牧羊就在这里。贝加尔湖不仅水量大，而且水质好，湖水晶莹澄澈，可见度达40.8米。

虽然贝加尔湖是淡水湖，但它还真具有“海”的特点。海豹是典型的海洋生物，但在贝加尔湖却有着世界上唯一的淡水海豹——环斑海豹。位于湖北部的乌什卡尼群岛是它们的主要栖息地，大约有6万头之多。环斑海豹生性胆小，视觉和听觉又都很敏锐，除浮出水面换气外，大部分时间潜在水下，只有在乌什卡尼群岛的沙滩上才可以近距离看到它们的身影。此外，贝加尔湖也有海螺、海鱼和龙虾等现代海洋生物。科学家认为，这些海洋生物可能是在最后一次冰期中，为了获得一个较好的自然环境，从北冰洋逆叶尼塞河而上，来到贝加尔湖繁衍生息的。

贝加尔湖是鱼类资源的宝库，湖内有多种特有的鱼类，

其中胎生的贝湖鱼可算是最特别的一种了。它的特殊之处在于母鱼产出的不是鱼卵，而是可以自由活动并进行捕食的通体半透明的小鱼。胎生鱼是环斑海豹、秋白鲑等动物的主要食物。秋白鲑是贝加尔湖主要的经济鱼类，其祖先同样是来自其他水域。

贝加尔湖四周群山环绕，西岸是海拔1 000～2 000米的陡崖，其上密布着西伯利亚松、云杉、针叶林等典型的“泰加林群落”。东岸稍平坦，却生长着一种奇特的高跷树，树根从地表拱生出来，把树干托入空中，成年人可以自由地从根下穿来穿去，成为一大自然奇观。它们原来生长在沙土坡上，大风从树根下刮走了土壤，树为了生存就将根越来越深地扎入贫瘠的土壤中。

贝加尔湖不仅在很多方面独占鳌头，还充满了神秘与魅力。就说它的年

P80：湖滨山崖底部由于湖浪的常年侵蚀，崩塌形成岩洞。洞内气温明显比洞外低，挂满了冰凌。

P80～81上：生活在贝加尔湖的环斑海豹，是世界上唯一可以在淡水中栖息的海豹。

P80～81下：奥利洪岛西岸贝加尔湖的晚霞。

龄，科学家从沉积物中残留的微生物化石测定出，贝加尔湖形成于2 000万年以前，比世界上所有大湖形成的年代都早。当时亚洲内部的地壳沿着一条断层慢慢拉开、陷落，出现了一条深达8 000米的裂谷，随着岁月流逝，裂谷内不断被泥沙沉积物填充。虽然贝加尔湖十分古老，但它却是一个充满活力、仍在不断成长的湖泊。最近的研究表明，贝加尔湖所处的断裂带仍在活动，和非洲以东的红海一样，贝加尔湖的湖岸每年以2厘米的速度向两边拉开，是一个不断扩大而不会消失的湖泊。

贝加尔湖除了那些无与伦比的世界之最外，还有许多奇观。首先是它那冬暖夏凉的气候。西伯利亚的严寒令人畏惧，冬季平均气温都在-30℃。然而贝加尔湖却温暖了许多，湖区北、中、南部最冷月份的平均气温为-3.1℃、-1.6℃和-0.7℃。这种特殊的湖区气候，是因为超大量的水体对湖滨地区的气候起到了调节作用。冬季湖面封冻，放出潜热，从而减轻了冬季的严寒；夏季湖水解冻，大量吸热，又降低了炎热程度。一年之中，尽管贝加尔湖面有5个月的时间会结起60厘米厚的冰，但阳光却能够透过冰层，将热能输入湖中。所以，贝加尔湖是一个天然双向的巨型“空调机”。

偌大的贝加尔湖虽然只有一个出口，但这个出口的宽度却有1 000米左右，在湖水出口的正中央矗立着一块名为“谢曼斯基”的巨大圆石，每当大雨季节，河水从石上流过，给人一种神奇的滚动感，成为吸引游客的一大亮点。位于贝加尔湖出口安加拉河边的伊尔库茨克是俄罗斯西伯利亚的大城市，是人们来贝加尔湖的必到之地。

欧洲

Europe

欧洲，这个面积只有1 016万平方千米，约占世界陆地总面积6.8%的地方，其自然景观却绮丽多彩，美不胜收：巍峨的阿尔卑斯山雪峰入云；蓝色的多瑙河波光粼粼，如诗如画；芬兰的千湖之秀；冰岛的冰火相融；挪威的冰川峡湾；地中海的阳光、沙滩……无不令人神往。

阿尔卑斯山连绵的雪峰前一望无际的德国巴伐利亚田野。

Norway Fjords 挪威峡湾

世界峡湾之最

翻开欧洲地图，北欧挪威、瑞典、芬兰三国所在的斯堪的纳维亚半岛很像一只“老虎”。挪威位于半岛最西边，处在“虎头”和“虎背”的位置。如果再仔细看看挪威地图就会发现，挪威的海岸线非常曲折，如锯齿般犬牙交错。无数海湾深深地嵌入内陆，如同两岸悬崖挟峙的峡谷一般，故被称为“峡湾”，以区别于一般海湾。众多的峡湾和十几万个岛屿、岩礁形成了世界上最曲折复杂的海岸线。挪威的海岸线长3 380千米，如果算上峡湾和岛屿的岸线则长达2万多千米，相当于地球周长的一半，堪称世界之最。众多的峡湾不但为挪威提供了许多天然良港和渔港，而且因其独特罕见的奇美景色，有些峡湾还入选联合国教科文组织的“世界自然遗产名录”。

P84：松恩峡湾是挪威最大的峡湾，也是世界最长、最深的峡湾。两岸悬崖峭壁，雄浑险峻。

挪威为什么会有如此众多的峡湾？这要追溯到200万～260万年前地球上出现过的最后一次冰期。当时，整个北欧大地被冰雪覆盖。冰川随着温度的变化而变化，温度升高加速了冰川的解冻和移动，冰川挟带着岩块砾石，涌入山间峡谷中，不断地刨蚀、加深、拓宽，最终形成巨大的U型冰川谷地。冰期过后，冰川消退，由于谷底低于海平面，海水侵入便形成了幽深的峡湾。深入大陆的峡湾，深邃而曲折，水道宽不过几千米，长几十到几百千米。两岸的峭壁悬崖，相对高度均在600米以上，挂在山崖上的瀑布，如从云中飞泻，与倒映在峡湾中的群山，构成绝妙的画卷。

挪威峡湾的规模在世界上首屈一指。从北部的瓦朗厄尔峡湾起，到南部的奥斯陆峡湾止，无数的峡湾中留存着冰河遗迹，也有不少珍贵的动植物。欧洲赤松是最近一个冰期唯一幸存下来的欧洲松，它高大挺拔，树冠浓密，特别是剥去树皮后呈现出或玫瑰、或橘红色的树干娇美艳丽，成为松树中的“美人”。此外，还有欧洲白桦、挪威云杉、光叶榆等等，构成了精美绝伦的峡湾风光。如此良好的生态环境中，生活着雷鸟、鸹、北极潜鸟、海雕、雪雕……成为禽鸟的乐园。

挪威人将峡湾视为国之灵魂，认为峡湾象征着挪威人的性格，并以之为豪。峡湾给人们带来的不仅是视觉冲击，更是心灵的震撼。乘坐游轮游览挪威峡湾时，站在甲板上向两岸望去，只见陡崖绝壁夹道，飞瀑流泉奔泻而下，或叮咚或轰鸣，汇成了动听的天籁之音。山间林木茂密，不时传来鸟儿的鸣声。穿行其间，时而如曲径通幽，时而又豁然开朗。倚栏下望，清澈的湾水中，鱼群游弋。船上餐厅食谱中，既有溯流而上的海鱼，如鲷鱼、鲭鱼，也有顺流而下的淡水鱼，如鳟鱼等。海鸟成群伴随着游轮，时而在头顶上飞翔，时而驻足船舷，等待

P84～85：纳柔依峡湾是松恩峡湾的一个分支，以其绮丽的自然风光与盖朗厄尔峡湾一起成功入选“世界自然遗产名录”。图为纳柔依峡湾尽头原生态的自然景观。

P86上：吕瑟峡湾是挪威四大峡湾之一。冰川的侵蚀作用从坚硬的山岩中掘蚀出宽阔深邃的河道，两岸悬崖高耸、峭壁林立，湾水在巍峨的群山中蜿蜒流淌。

P86下左：邻近挪威北方最大城市特罗瑟姆的一处峡湾。

P86下右：盖朗厄尔峡湾。在两岸陡峭的悬崖上，一串串瀑布沿着崖壁飞泻而下，注入峡湾。

游人投食。沿途游人还可以下船登岸，到山林中远足，去古村探幽……

挪威的众多峡湾各有特色，名声最大、最受游客青睐的莫过于松恩峡湾（Sognefjorden）、盖朗厄尔峡湾（Geirangerfjorden）、哈当厄尔峡湾（Hardangerfjorden）和吕瑟峡湾（Lysefjorden）这四大峡湾。

松恩峡湾位于挪威西部松恩–菲尤拉讷（Sogn og Fjordane）郡境内，是挪威最大的峡湾，也是世界上最长、最深的峡湾，全长达240千米，最深处达1 308米。峡湾有许多分支，其中一支奈略峡湾（Nærøyfjorden），以其绮丽自然风光与盖朗厄尔峡湾一起，于2005年入选联合国教科文组织的“世界自然遗产名录”。

盖朗厄尔峡湾位于挪威中西部默勒–鲁姆斯达尔（Møre og Romsdal）郡西南，是斯图尔峡湾（Storfjorden）的一个分支。全长虽然只有16千米，却是挪威峡湾中最为美丽神秘的一处，以沿途瀑布众多而著称。峡湾顶端有个古村，进村仅有一条沿山坡蜿蜒千米的道路，村里除1842年建造的盖朗厄尔峡湾教堂外，还有两处观景台，其中一处观景台位于海拔1 500米高处，纵目远眺，峡湾美景和附近冰川尽收眼底。这个峡湾以奇幻的地形、古色古香的小村庄最受背

包客的青睐。

哈当厄尔峡湾位于挪威西南部霍达兰（Hordaland）郡，卑尔根市以南不远。全长179千米，是挪威第二、世界第三长的峡湾，最深处达800米。这是四大峡湾中最平缓、最具田园风光的一个。“哈当厄尔”挪威语意为“鲜花盛开，果实累累”。这里还有著名的福尔格冰川和滑雪场，吸引了众多游客和滑雪爱好者。

吕瑟峡湾位于挪威西南端罗加兰（Rogaland）郡，两岸群山巍峨，湾水在长达42千米的峡湾中蜿蜒流淌，一处海拔600米的断崖横空突出于海面，断崖面积约600平方米，名曰“布道台”，极为惊险。站在巨岩上，头顶着蓝天白云，脚下是万丈深渊，顿感自己如飘浮在空中一般。

夏天的峡湾用美轮美奂来形容一点都不为过，而冬日的峡湾与碧水、雪峰相映，另有一种情趣。挪威是欧洲大陆纬度最北的国家，全境1/3的土地位于北极圈内，还是斯堪的纳维亚半岛上唯一毗邻北冰洋的国家；每年夏季有两个月的时间是极昼，给人一种“日不落之国”的感觉。挪威极圈中的极昼和极光神奇美妙，更加令人神往！

P86～87：挪威盖朗厄尔峡湾被称为挪威最美妙神奇的峡湾。它是在远古时期的冰川作用下，在崇山峻岭中掘蚀开凿出的宽阔幽深的峡湾水道。

Lakes of Finland | 芬兰的湖泊

童话般的美景

P88左：“千湖之国”芬兰卡瑞利亚湖晨曦，蓝天、碧水、绿树、红霞交织在一起，色彩绚丽，如诗如画。

P88右：在林缘湖畔出没的棕熊。棕熊是陆地上体形最大的哺乳动物之一，多在白天活动，行走较缓慢，但很凶猛。棕熊是芬兰的国宝，芬兰政府曾将棕熊作为国礼，赠送友好国家。

P89：冬季芬兰的林海雪原景观。芬兰森林资源极其丰富，国土69%被茂密的森林覆盖，森林覆盖率居欧洲第一位。

芬兰是一个迷人的国度，有着童话般美丽的自然风光。芬兰的国土上，有将近1/3的面积在北极圈内。每到冬天千里冰封，一派银装素裹的冰雪世界。每当圣诞来临之时，圣诞老人坐在满载圣诞礼物的雪橇上，赶着驯鹿从这里出发，来到世界各地，为孩子们送上喜爱的圣诞礼物。这一童话故事，让芬兰成为圣诞老人的故乡。每当夏日冰雪消融，溪水淙淙流淌，清澈的湖水倒映着雪山青松，湖光山色，交映生辉。波罗的海蔚蓝的海水环抱着1 100多千米长的海岸线，首都赫尔辛基三面临海，港湾岛屿星罗棋布， 被称为“波罗的海的女儿”。

芬兰人自豪地称自己的国家是“千湖之国”。其实，他们太谦虚了，何止千湖？芬兰有大小湖泊6万多个，占国土面积的10%。最大的湖是塞马湖，面积4 400平方千米，并连通芬兰湾。芬兰的湖泊集中分布在东南部，从飞机上俯瞰，星星点点，犹如片片翡翠撒落大地。中国著名历史学家和诗人郭沫若到芬兰访问时，被芬兰的独特景观所吸引，随即赋诗一首：信是千湖国，港湾分外多，森林峰从立，岛屿似星罗。

几十万年以前，芬兰北部伸入北极圈的地方被厚厚的冰封冻着。到距今一万年时，这里的气候逐渐转暖，覆盖在上面的冰层开始慢慢融化。当冰层融化殆尽，冻结在冰块中的泥沙砾石在地面上沉淀堆积，使地面变得凸凹不平，坑坑洼洼。融化的冰水流入低洼地，形成宛如繁星似的湖泊。这些由冰川活动塑造而成的湖泊，称为冰蚀湖或冰碛湖。

芬兰的湖泊多为狭长形，湖泊之间有溪流或运河沟通，并连通海湾港口，编织成稠密的水网，宛如一幅充满水乡风情的画卷，成为芬兰自然景观的最大特色。湖泊、运河、海湾、港口相连，形成四通八达的水上交通网，但见轮船往来，游艇如梭，木材浮运，十分繁忙。同时，湖区林木茂盛，宁静幽美，成为人们休闲度假的胜地。

在湖畔休闲度假地，常常能见到一排排木屋，这些都是芬兰人喜爱的桑拿浴室。芬兰人发明了桑拿浴，创造了桑拿文化。桑拿号称芬兰的国粹，芬兰人几乎家家户户都有桑拿室。桑拿爱好者常常聚集成群，在高温高湿的桑拿雾气中，用扫帚状的树枝拍打身体，直到忍受不了闷热，大喊大叫着冲出来，一头扎入凉爽清冽的湖水中，尽情享受着由极热到极冷产生的快感和刺激，像过节一样热闹欢快。

芬兰森林资源极其丰富，森林覆盖率居欧洲第一位，69%的国土被郁郁葱葱的森林覆盖，人均森林占有面积约4公顷。芬兰的森林以寒温带针叶林为主，树种不多，主要有欧洲赤松、挪威云杉和桦树等。丰富的森林资源使芬兰拥有“绿色金库”的美称。芬兰的木材加工、造纸和林业机械等行业成为国民经济的支柱产业， 并居于世界领先水平，是世界第二大纸张、纸板出口国和第四大纸浆出口国。茂密的森林不但是芬兰宝贵的自然资源，而且使芬兰成为生态环境保护的典范。

芬兰北部已经进入北极圈，那里除了绮丽的冰雪景观、圣诞老人的故乡——北极村外，还能欣赏到神奇的极昼、极光等自然现象。夏季到这里，可以观赏午夜不落的太阳，还可以感受人们欢庆“仲夏节”的欢乐场面；冬季到这里，可以在昼夜不见太阳的晴空中，仰望世界上罕见的北极光。然而极光是神秘的，如同火狐一般，它的出现与大气、环境及净空条件密切相关，缺一不可，能够见到极光的人确实是幸运的。近年来，到芬兰去仰望苍穹、感受神秘极光的人越来越多，人们还把去芬兰看极光当成一种祈福活动。

Iceland 冰岛

冰与火相依相融

P91上左：冰岛南部的雷尼斯佳尔山脚下，黑色玄武岩柱群“雷尼斯德兰格”（Reynisdrangar）静静地矗立在大西洋海岸不远处。这些风与海水侵蚀而成的石雕引发了种种神话般的想象：传说两名巨人试图将一艘三桅帆船拉上岸，而黎明的阳光将他们变成了石柱。站在黑色的熔岩沙滩上隔着弥蒙的海浪看去，似乎能看到巨人在努力呢。

P91上右：冰岛冰原广阔，冰川遍布，冰雪融化为地表径流提供了大量的补给。图为冰岛南部的一处大瀑布。

P90～91：冰岛地热资源极其丰富，温泉广布，是世界上温泉最多的国家之一。图为冰岛的一处地热温泉景色。

听到“冰岛”这个名字，你的第一反应是不是会打个冷战？想必冰岛一定是一座终年冰封雪飘之岛，异常寒冷。其实不然，冰岛位于北大西洋中部，纬度临近北极圈，属寒温带海洋性气候，因受北大西洋暖流之惠，比同纬度的格陵兰岛要温暖得多。

俗话说“水火不相容”，但在冰岛，冰川、冰原与火山、热泉却奇妙地并存，你既可以观赏到冰川、冰原、雪峰，还可以领略到火山喷发、热泉、火山岩荒漠、瀑布等多姿多彩的自然景观。冰与火构成了冰岛的主体，似乎称“冰与火之岛”或“冰与火之国”要比“冰岛”之名更为确切。

冰岛是个名副其实的火山岛。早在20万年前，滚滚的熔岩就从地心涌出，若干年后又再次喷发，周而复始，陆面逐渐升高，大约7万年前孕育出冰岛的地貌轮廓，形成了曲折的海岸、多姿的峡湾与谷地、冰川和热泉等。整个冰岛是个倒碗状高地，四周为海岸山脉，中间为高原。大部分是台地，台地高度大多在400～800米之间，少数山峰海拔可达1 300～1 700米。这里少有低地，仅在西部和西南部有面积不大的海积平原和冰水冲积平原，平原面积仅占全岛的7%左右。其他沿海地区主要为沙滩，岸外的沙洲形成潟湖。

冰岛以“极地火岛”而著称，全岛共有200多座火山，其中130座属于活火山。自人类定居以来，有将近20座火山进入喷发期。华纳达尔斯火山（Hvannadalshnúkur）为冰岛最高峰，海拔2 109米。冰岛有世界上罕见的盾状火山，最著名的是斯伊尔布雷泽火山，它的盾状山口壮丽而弯曲，山口高550米，盛夏时依然白雪覆盖，被誉为“最美的山峰”。此外，火山活动还形成了环壁火山、层状火山、裂隙火山等姿态各异的火山。冰岛几乎整个国家都建立在火山岩上，绝大部分土地难以开垦耕种。1963～1967年，西南岸的火山活动形成了一个约2.8平方千米的瑟尔塞（Surtsy）小岛，被联

P92上：冰岛瓦特纳冰原国家公园的冰川洞穴奇观。从站立在洞口的游人比例，可以看出其洞穴规模之雄伟。

P92下：塞里雅兰瀑布的垂直高度约60米，瀑布后有一条小径，游人可穿行于瀑布之后欣赏。

P92～93上：冰岛南部杰古沙龙湖地区的北极光秀丽景色。

P92～93下：冰岛东北部克拉布拉火山地区利用丰富的地热能源发电，这里可以看到迷人的极光。

P94：2014年9月4日，沉寂了100多年的冰岛巴达本加火山剧烈喷发，新的火山裂隙蔓延开来，横贯北方的候拉熔岩原，岩浆和二氧化硫浓烟从裂隙中喷涌而出，遮天蔽日。巴达本加火山位于瓦特纳冰原的西北部，表面覆盖着厚达800米的冰盖，此次喷发时岩浆吞噬冰川的冰火之战也堪称奇观。

P95：新熔岩原的大地总是一片草木不生的黑色焦土，但随着时间的流逝也会染上生命的颜色。冰岛南部的维克小镇附近，凝固的岩浆上覆盖着一层厚厚的苔藓，起伏的熔岩大地涌动着一片新绿。

合国教科文组织列入“世界自然遗产名录”。冰岛地热资源丰富，温泉广布，是世界上温泉最多的国家之一。全岛约有250个优质碱性温泉，最大的温泉每秒可涌出200升的泉水。此外还有众多喷泉、瀑布、湖泊和湍急的河流。

冰岛的冰川被称为“火炉”上的冰川，冰原地形广布，是冰岛自然景观的一大特色。冰岛不仅曾是第四纪冰盖的中心，而且高原上仍有现代冰川分布，主要是盾形的冰帽冰川，也有少量的冰斗冰川。冰岛1/8的土地被冰川覆盖，其中瓦特纳冰川最为壮观，厚度在几百米到两千米之间，是除南极和格陵兰岛之外世界上最厚的冰川。冰岛看起来平静而安宁，然而在冰川下面，炽热的岩浆却不断在熊熊燃烧，一旦冲破冰壳，冰川瞬时变成一片火海。

冰岛共和国是北欧五国之一，面积10.3万平方千米，人口32万，首都雷克雅未克意为“烟雾缭绕的海湾”。冰岛是一座空气最清新的岛屿，那么“雾”从何而来呢？早在公元874年，挪威西部一位名叫英高尔夫·阿纳尔逊的人率整个家族移居冰岛时，在岛的西南端登陆，这里三面环海，一面依坡，到处布满温泉，整个海湾笼罩在浓重的水汽之中，阿纳尔逊误以为是烟雾，于是将其命名为“雷克雅未克”。这是一座能让人享受到“静”与“净”的城市，在这里“不出城廓而获山水之悦，身居闹市又有林泉之致”，这种幽静安谧的环境不仅是首都，更是整个冰岛的特色。

冰岛的资源既富有又匮乏。冰岛的渔业、水力和地热资源极为丰富，而其他自然资源匮乏，特别是农业土地资源和石油能源奇缺。冰岛是一个人口稀少的国家，旅游资源非常丰富，雄伟的火山，壮丽的冰川，奔腾咆哮的瀑布，壮观的天然喷泉，滋身健体的温泉，清新的空气，清澈的泉水，神奇的动植物，以及冰原赛车、雪地越野狩猎之旅等极具刺激的活动，无不令人神往。人们在感受大自然灼热的呼吸、大地脉搏颤动的同时，又尽情享受着她赐予的温馨闲逸……

Giant's Causeway In Northern Ireland

北爱尔兰的石柱桥

伸向大海的“巨人之路”

P96左：“巨人之路”由37 000多根大小均匀而高度不一的多边形玄武岩石柱聚集而成，是北爱尔兰著名的旅游景点，被视为世界自然和地质奇迹。

P96右：“巨人之路”沿着海岸绵延6 000多米。玄武岩石柱排列十分整齐，高低参差，可拾级而上，如人工铺就的台阶一般。

P97：世界上沿海地带火山喷发，炽热的玄武岩熔岩直接注入大海的现象并不罕见，然而最终凝固成如此雄伟壮观的“巨人之路”的景观却是绝无仅有。

传说很久以前，北爱尔兰和苏格兰各有一位巨人，都力大无穷，但互不服气，总想寻机较量一番。由于北爱尔兰与苏格兰隔海相望，北爱尔兰巨人芬·麦库尔便把岩柱一个一个地搬运过来，铺成一条跨海大道，以便向苏格兰巨人芬·盖尔挑战。完工后，麦库尔躺下休息，正巧盖尔渡海而来，刺探虚实。盖尔被麦库尔那巨大的身躯吓坏了，麦库尔的妻子骗他说，躺在床上的不是麦库尔，而是他的孩子。盖尔更加惶恐，于是落荒而逃，并毁坏了堤道，以防麦库尔日后渡海找他决斗。

虽然这是流传于爱尔兰的民间神话，但被“毁坏”的那条跨海堤却真实地存在着，这就是赫赫有名的“巨人之路”（Giant's Causeway），音译“贾恩茨考斯韦”，也可意译为“巨人堤道”或“巨人岬角”。

“巨人之路”位于北爱尔兰贝尔法斯特（Belfast）西北约80千米处的大西洋海岸，由大约37 000根大小均匀而高度不一的多边几何形石柱聚集而成，被视为世界自然奇迹。1986年，“巨人之路”被联合国教科文组织列入“世界自然遗产名录”。

“巨人之路”绵延6 000多米，沿滨海平原伸向大海的岬角，再到海岸悬崖的山脚下。峭壁平均高度为100米，大量的石柱排列在一起，形成壮观的石柱林。而每根石柱的横截面平均宽度约为45厘米。石柱形状非常规则，大都是六边形，

也不乏四边、五边、七边和八边等形状，有棱有角，整整齐齐，宛如人工修砌而成。由于形成年代不同，高低不一，有的石柱高出海面6米以上，最高者可达12米左右，也有的石柱隐没于水下或与海面相平，顺着不同高度的石柱前行，仿佛台阶可拾级而上。

登上石柱最高处，放眼远眺，海阔天空，顿感大自然的神奇威力，塑造出如此多奇妙、魔幻的自然景观，不可思议，令人赞叹。其实，这些石柱是由天然的玄武岩构成的，形成于白垩纪末期，距今大约6 000万年。当时北大西洋板块开始以大西洋中脊为中心持续地分裂和扩张，上地幔的岩浆从中脊的裂谷中上涌，熔岩层层相叠，覆盖着大片地域。一系列的地质变迁导致大西洋两岸，包括北爱尔兰和苏格兰，地壳运动剧烈，火山喷发频繁。一股股玄武岩熔岩从地壳的裂隙涌出，像河流一样流向大海，遇到海水迅速冷却，变成固态的玄武岩，并收缩、结晶，在岩浆的凝固过程中发生爆裂，由于收缩力非常均匀，于是就形成了这么多规则的柱状体。

玄武岩石柱的形成，主要取决于垂直节理的发育，直上直下的缝隙，使水流从顶部流到底部，长期的水蚀形成了独特的岩柱网络，最终发育成玄武岩石柱。由于火山熔岩是在不同时期分五六次溢出的，因此峭壁形成多层次的结构，“巨人之路”正是柱状玄武岩地貌的完美表现。这些石柱构成一条有石阶的石道，有的很像茂密的“石林”，有的酷似“天然管风琴”或“烟筒顶”。“巨人之路”及其海岸，不仅是峻峭奇特的自然景观，也为地球科学研究提供了宝贵的实地考察场所。

玄武岩石柱地貌景观并非这里独有，仅中国就有多处，如江苏南京市六合区的柱子山、福建漳州的牛头山和台湾的澎湖列岛等地，但作为矗立于大海又如此庞大壮观的石柱林，北爱尔兰的“巨人之路”可谓世界奇观。然而，随着全球变暖所导致的海平面上升，“巨人之路”这一世界自然遗产正面临被淹没的威胁。

Étretat

埃特勒塔

海岸悬崖“象鼻山”

P99上左：夕阳余晖映照下的埃特勒塔海岸象鼻山，亭亭玉立，婀娜多姿，是文中所描述的母象阿瓦勒，即“下崖”。象鼻旁边耸立着一座小型海蚀柱，有人说是牵象童，有人说是栓象柱，让人浮想联翩。

P99上右：这座象鼻山山体敦实，海蚀拱门高大，挺拔伟岸，尽显阳刚气息，是文中所描述的公象阿芒，即“上崖”。

P98～99：法国埃特勒塔海岸鸟瞰图。这里有纯净洁白、笔直陡立的石灰岩壁，有海流掘蚀形成的“象鼻山”，号称“法国第一海岸”，是著名的旅游胜地。2006年与中国桂林象鼻山结成姊妹景点。

中国的桂林山水誉满全球，而“象鼻山”作为桂林的城徽更是闻名遐迩。无独有偶，法国埃特勒塔（Etretat）也有一处海岸悬崖“象鼻山”。埃特勒塔是法国诺曼底海滨著名的旅游胜地，有人称它为“法国第一海岸”。然而，提起诺曼底，人们首先想到的是第二次世界大战中的诺曼底登陆，而对于埃特勒塔海岸的自然景观则关注极少。直到2006年，埃特勒塔海岸与桂林象鼻山结缘姊妹景点，才开始为世人知晓。

埃特勒塔小镇位于上诺曼底区滨海塞纳省英吉利海峡沿岸，距离巴黎约300千米，海岸绵延数千米，面向大海一面的山崖被海水和海风切削成笔直的峭壁，如同一堵巨大的白墙。峭壁上鬼斧神工般开凿出几个天然的“拱门”和“天桥”，顶天立海，气势磅礴。埃特勒塔小镇因其三座悬崖酷似象鼻而闻名于世。

埃特勒塔海岸的象鼻山同桂林象鼻山有所不同，它不是一座山，而是由三座山组成的象鼻山群。浪漫的法国人把它们形象地说成是一家子：公象、母象和小象。母象在“下崖”（阿瓦勒，Aval），是最美的一座，崖壁洁白，亭亭玉立在海湾的西端岬角，伸向大海的崖壁被海浪掏空，形成一座拱门，酷似大象甩着长鼻在海中戏水。旁边还立着一座海蚀柱，俨然是个栓象柱。海湾东端岬角的“上崖”（阿芒，Amont）是小象，好像淘气的孩子，跑到远处去戏水。公象到哪里去了？原来，公象“拱门崖”在更西面的另一个海滩岬角，要顺着茵茵草坡，登上母象的脊背才能看见。上坡沿途建有好几个观景台，移步换景，美不胜收。有几处观景台就建在悬崖边上，凭栏下望便是百丈深渊，崖壁直上直下，令人胆战心惊。站在母象头顶最高处放眼远望，只见洁白的崖壁此起彼伏，连绵不断，与蓝天碧海融为一体，海阔天空，令人心旷神怡。近观隔海湾相望的公象，崖壁呈灰黑

P100：埃特勒塔海岸悬崖顶部平坦，绿草茵茵，已建成小型高尔夫球场，供游人娱乐。

P101：从近处仰望海蚀柱和母象"下崖"，海浪的侵蚀造就的独特形象，生动逼真，深受游客喜爱。

色，山体敦实，拱门高大，象鼻粗壮，显得十分雄伟挺拔、阳刚伟岸，与婀娜多姿、娟秀阴柔的母象真是天生的一对，再加上一个活泼可爱的小象，真是"一家子"啊！

埃特勒塔海岸悬崖由白垩纪石灰岩构成，质地纯净，岩壁洁白，呈水平层理，它记录了海岸水平均衡抬升露出海面的过程，没有横向挤压所产生的褶皱绕曲现象。虽然悬崖高度只有100多米，但是在蔚蓝海水的映衬下，洁白的悬崖陡壁却平添了一份圣洁之感。难怪在海岸上还建有一座小教堂，面向大海，供信仰者顶礼膜拜。

埃特勒塔海岸看起来宁静平和，其实，大海一刻也没放松对海岸的冲击。1773年的一天，疯狂的海浪越过海滩，翻过悬崖，冲进了后面的村庄，突然轰隆一声巨响，村庄连同村外的墓地从崖上整个翻入海底，至今还有一个潜海协会在海底寻找这个村庄。曾有人建议在埃特勒塔海岸外筑造一堵水泥防波堤，却被诺曼底居民拒绝。试想，在雨果、莫泊桑和波德莱尔都大声咏叹的风景前，筑起一道水泥防波堤该是多么大煞风景啊！

上崖海岸上还高耸着一座直刺天空的箭形纪念碑——纪念1927年第一次驾驶滑翔机试图飞越英吉利海峡的两个巴黎人，他们就是从这片山崖上飞向大海，一去不复返了。

埃特勒塔海岸没有地中海海岸的蓝天碧海、阳光沙滩，为什么却获得"法国第一海岸"的美誉呢？想破解这个"谜"，不妨去小镇埃特勒塔看看。埃特勒塔曾经是一个默默无闻的诺曼底小渔村，因其自然风光独特而吸引了众多名人的到来，雨果、莫泊桑、波德莱尔、莫奈、库尔贝等都在作品里赞美过它。虽然这里没有高楼大厦，没有大城市的喧嚣，却因名人效应而散发出浓浓的文化气息，因此成为全世界浪漫者心中的圣地。

著名作家莫泊桑的童年大部分时间在埃特勒塔度过，他非常喜欢这个"象鼻"海滩，在这里创作了很多名著，埃特勒塔的别名"象鼻山"最早就出自他的名著《漂亮朋友》。

如果说埃菲尔铁塔是巴黎的象征，那么埃特勒塔海岸就是诺曼底的象征。在这里，绚丽多彩的自然景观与深厚的文化底蕴完美融合，因此埃特勒塔被誉为法国第一海岸实至名归！大凡到访埃特勒塔的人们，都会放慢脚步，尽情地投入自然与文化的怀抱。

Corsica

科西嘉岛

地中海的“香岛”

P103上左：巴维拉山地竖立的山峰，岩石环抱着迷人的台地村落——宗扎村。

P103上右：高大的树木遥望着美丽的巴维拉山。花岗岩山体是科西嘉岛的脊梁，在这个地中海上最为多山的岛屿中央，针状的陡峭山岩——巴维拉山地成为高山上的奇观。

P102～103：科西嘉沿海有众多美丽的海湾、岬角和岩岛，阳光、碧海与游艇组成一幅动人的美景。

古希腊神话中有一个浪漫的爱情故事：特洛伊王子科尔与提洛王后的孙女西嘉相爱，并在地中海中一个岛屿上结为终身伴侣，这个岛屿便以这对情侣的名字命名为“科西嘉”。

在一望无际的西地中海上，科西嘉岛如同一片带柄的树叶漂浮着，它南北长约185千米，东西最宽85千米，环岛海岸线1 000多千米。科西嘉岛是地中海第四大岛，排名于西西里岛、撒丁岛和塞浦路斯岛之后，面积达8 680平方千米。蔚蓝的海水环抱海岛，时而风平浪静，时而波涛汹涌，在这里不仅能欣赏到清澈湛蓝的海水，抚摸白色温馨的沙滩，也能目睹惊涛拍击绯红的岩岸时那惊心动魄的场景。

科西嘉岛东岸海岸线比较平直，沿海冲积平原上有农牧业活动，平原边缘分布着一些潟湖。西岸海岸线如锯齿般曲折，地形奇拔险峻，花岗岩体色彩斑斓。靠近海边，山峰陡降，有高达900米的绯红色悬崖，险峻的岬角和岩岛，与深水港湾绵延相连，共同构成雄伟壮观的海岸侵蚀地貌景观。其中吉罗拉塔角–波尔托角–斯康多拉一段海岸，是科西嘉岛自然景观的精华所在，属于科西嘉国家大公园的一部分，早在1983年就被列入“世界自然遗产名录”。

科西嘉岛是一座群山起伏的岛屿，由山峦、峰林、峡谷、瀑布、湖泊构成的气势恢宏的景观与宁静开阔的高原交替出现。山地是该岛的主角，海拔1 980米以上的山峰有20座，最高点钦托峰海拔2 716米。山体为花岗岩结构，经地中海阳光和海风的侵蚀、风化，岩体呈绯红、玫瑰红和绛红色，与浓绿的地中海型灌木植被交相辉映。山麓地带古色古香的村落里，明黄色的门窗、五彩斑斓的墙壁别有一种童话般的情调。这里是典型的地中海式气候，温和湿润，降水丰沛，冬季温和，夏季凉爽。然而，每年从12月至次年4月的积雪却让山地银装素裹，白茫茫一片。这里植被丰富，灌木丛中有许多芳香植物，在原野上散发着芬芳的气味，科西嘉岛

也因此赢得“地中海香岛”的美誉。

科西嘉岛除了自然风光绮丽、城乡村镇古色古香、民风淳朴之外，还是两位世界名人的故乡。一位是叱咤风云的一代枭雄拿破仑，一位是美洲大陆的发现者航海家哥伦布。拿破仑于1769年8月15日出生于上科西嘉省首府阿雅克肖（Ajaccio），整个阿雅克肖城都有他的遗迹。这里建有阿雅克肖–拿破仑博物馆，可供参观的历史景点有64处之多。至于哥伦布，关于他出生地的说法有许多种，但多数认为他出生于当时属于热那亚共和国的一座小镇上。因为当时科西嘉岛动荡不安，名声很差，所以哥伦布自称出生在热那亚，隐去了自己的具体出生地，其故居亦无处可查了。

科西嘉岛在地中海具有重要的战略地位，是地中海地区列强争夺之地。1768年以前还是意大利热那亚共和国的领地，同年5月15日，热那亚当局却同法国签订了秘密协定，把对科西嘉的统治权出售给法国。岛上居民在民族主义领袖保利（Pasquale Paoli）的指挥下，展开反法斗争。拿破仑从小受其影响，暗暗下定决心，有朝一日，要赶走法国人，解放科西嘉。然而，历史开了一个大玩笑，谁也没有想到，这个小个子科西嘉人竟然登上了法兰西帝国皇帝的宝座，并以撼动寰宇的历史成就载入法兰西史册。

科西嘉岛目前是法国本土22个行政大区之一，也是其中最贫穷落后的大区之一。这里少有现代化高楼大厦，没有灯红酒绿和新潮时尚的建筑，闪光耀眼的玻璃幕墙也很罕见。科西嘉岛正是因为保持了它的纯真、古朴和原生态而受到人们的厚爱。

P104～105：科西嘉岛西岸侵蚀地貌发育十分成熟，图中的海蚀岩和海蚀柱，在落日余晖的映照下，格外赏心悦目。

The Alps

阿尔卑斯山

欧洲人的圣山

P107上左：远眺少女峰。少女峰海拔4 158米，为阿尔卑斯山脉最高峰之一。山峰白雪皑皑，在白云间时隐时现，宛如羞涩的少女，婀娜多姿。

P107上右：阿尔卑斯山野山羊——努比亚山羊（Nubian ibex），它们栖息在高山地带，有极好的平衡能力和惊人的跳跃技巧，经常出没在悬崖峭壁之间。野山羊是阿尔卑斯山区的弱势动物，目前已列为濒危保护动物。

P106～107：遥望勃朗峰。自从1786年两位法国登山探险者首次登顶成功后，勃朗峰便成为登山探险者和冒险家的乐园，吸引着无数登山者和冒险家前来。

欧洲人，特别是法国人的心目中有一座圣山，她那洁白的雪峰象征着圣洁，人们在仰望她时，会虔诚地感激大自然的恩赐。山上丰富的积雪和冰川融化而成的水流，成为欧洲许多河流的源头，没有她就没有多瑙河、莱茵河、罗讷河、波河等著名河流。这座对欧洲如此重要的圣山就是著名的阿尔卑斯山。

阿尔卑斯山脉位于欧洲中南部，山体略呈弧形，长约1 200千米，宽约120～200千米，总面积约为21万平方千米，覆盖了法国东南部、意大利北部、德国南部以及瑞士、奥地利、列支敦士登和斯洛文尼亚的部分领土，成为西欧温带海洋性气候、中欧温带大陆性气候和南欧地中海气候的自然分界线；平均海拔3 000米，其间海拔4 000米以上的山峰有128座；主峰勃朗峰海拔4 810米，因山体高峻，常年受来自大西洋暖湿气流的影响，降水丰沛，山峰终年积雪，在蓝天的映衬下洁白如银，勃朗峰即为“白色山峰”之意。

阿尔卑斯山脉曾是古地中海的一部分。它的隆起始于1.8亿年前的板块运动，由于南面的非洲板块向北推进，使古地中海下面的岩层受到挤压，向上拱起，由此造成非洲板块与欧洲板块相向运动，形成一种褶皱与断层相结合的大型构造推覆体，即一些巨大岩体被掀起并移动数万米，又覆盖在其他岩体之上，这就是著名的阿尔卑斯造山运动。大约200万年以来，欧洲地区又经历了几次大的冰期，使阿尔卑斯山脉形成了许多典型的冰川地貌。冰川侵蚀作用如鬼斧神工，削磨刻蚀，塑造出高耸的锯齿状山峰、深邃的冰川槽谷、崎岖险峻的山岭，以及星罗棋布的冰斗湖、冰碛湖等，因此这里被地理学家誉为“冰川地貌景观博物馆”。著名的日内瓦湖（法语称莱芒湖，Lac Léman）是阿尔卑斯山区最大的冰碛湖。湖北岸瑞士的日内瓦、洛桑，南岸法国的依云都是世界著名的旅游胜地。直到现在，阿尔卑斯山脉中还有1 000多条

现代冰川，总面积达3 200平方千米，以瑞士境内的阿莱奇冰川（Aletsch glacier）最大，长22.5千米，面积达130平方千米，从少女峰一直延伸到罗讷河谷；法国境内的梅德冰川（Lamer de glace，意为冰海冰川）厚达200多米，在阳光照耀下，晶莹剔透，闪烁着淡蓝色光辉，是阿尔卑斯山著名的自然景观之一。

阿尔卑斯山时有雪崩，但地震、滑坡、泥石流等自然灾害却十分罕见。这得益于比较稳定的地质结构和茂密的森林植被。从山麓向上，依次出现茂密的温带阔叶林、针阔混交林、针叶林和高山草甸。阿尔卑斯山地区林木繁茂，森林覆盖率一般在30%以上，有些小国最高可达60%左右，除悬崖峭壁和雪线以上的山体外，不是森林就是灌丛、草场以及

P108上：金雕翱翔在阿尔卑斯山地的上空。金雕是阿尔卑斯山地区的猛禽之一，成鸟翼展平均超过2米，体长可达1米，以猎捕大中型鸟类和兽类为食。经过驯服，金雕可以帮人狩猎，驱赶野狼等猛兽。

P108下：猞猁属猫科动物，体型似猫而远大于猫，栖息在森林灌丛地带，密林及山岩上也较常见。但由于猞猁皮是珍贵皮毛的来源而被大量猎杀，加上森林被破坏，猞猁的生存环境岌岌可危。

P108～109：意大利拉瓦莱多山属于多洛米蒂山脉，其锯齿状三大峰高耸入云，蔚为壮观。

P110上左：奥地利蒂罗尔的湖光山色。蒂罗尔州坐落在阿尔卑斯山脉的心脏地带，是奥地利最重要的旅游景点之一，也是欧洲最受欢迎且冬夏皆宜的旅游胜地。

P110～111上：登上格鲁比西斯坦山，位于德国与奥地利边界的楚格峰一览无遗。海拔2 964米的楚格峰是德国最高峰，它本由三个山峰组成，其中高于东峰1米的西峰在二战中被炸毁，而中峰在建索道站的过程中崩塌，只有东峰保留着原本的样貌。

P110下左：阿莱齐冰川是阿尔卑斯山脉中最大最长的现代大陆冰川。从瑞士南部的少女峰南侧直泻千里，一直延伸到罗讷河上游谷地，吸引了大批登山、滑雪、冰川爱好者的到来。

P110下右：马特洪峰位于瑞士境内，处在瑞士与意大利边境。海拔4 478米，是阿尔卑斯山最美丽的山峰之一。虽然它的海拔并不太高，但它以一柱擎天的姿态及其特有的三角锥形外观，成为阿尔卑斯山脉中最后一座被登山爱好者登顶的山峰。

P110～111下：多洛米蒂的旖旎风光。多洛米蒂山脉是意大利东北部阿尔卑斯山脉东段群山的总称，包括18座海拔3 050米以上的山峰。多洛米蒂山脉有着锯齿状锥形峰峦，气势险峻、挺拔，成为阿尔卑斯山脉最具特色的山群。这里的五塔山峰是世界著名的攀岩胜地。

管理良好的农田和果园，故有“大自然的宫殿”和“绿色宝库”等美称。然而由于在第四纪冰期时物种曾遭受过多次扫荡，树木种类并不丰富，山区野生动物种类也不多，主要有大角山羊、高山羚羊、山拨鼠、山兔及鹫等猛禽。

明媚的阳光照耀着峰峦起伏的阿尔卑斯山脉，远眺主峰勃朗峰，白雪皑皑，高耸云端，时隐时现。山坡上林木茂盛，绿草茵茵；山麓清澈的湖泊倒映着青山、白云，可谓湖光山色，美不胜收。春夏季节，积雪融化，草地鲜花怒放，林间山泉淙淙，吸引了大批来自世界各地的人们。散布在林间湖畔的别墅式旅舍和度假村，让人们在此驻足，尽享着山林美景，呼吸着清新的空气。冬季，这里更是滑雪爱好者的天堂，滑雪健儿如燕子般地在雪坡上飞翔……阿尔卑斯山展现出一派人与自然亲密和谐的景象。

如今，阿尔卑斯山已成为欧洲著名的旅游、登山和冬季运动的胜地。截至2014年，冬奥会已在欧洲举办了22届，其中9届是在阿尔卑斯山地区举行的。勃朗峰山下有两座美丽的小山城：法国的沙莫尼（Chamonix）和意大利的库尔马耶（Courmayeur），沙莫尼就是第一届冬奥会的举办地，这里有壮观的梅德冰川，雪峰环抱，风光绮丽，是阿尔卑斯山著名的旅游胜地和健步、登山、滑雪等体育运动中心之一。勃朗峰登山历史悠久，早在1786年8月8日，两位法国登山探险者首次登顶成功，开创了登山运动的先河。阿尔卑斯山区还是著名的环法自行车比赛中最艰难、最考验运动员体力和意志的路段，也是最精彩的一段。

The Danube

多瑙河

在美妙的圆舞曲中荡漾

P112下左：多瑙河上游穿越崇山峻岭，奔腾呼啸而下。图为多瑙河流经德国巴登-符腾堡州附近的景观。

P112下右：多瑙河中游卫星照片。多瑙河中游流经宽广的中欧平原，宛如一条蓝色的飘带，在一马平川的平原上蜿蜒摆动。河谷宽阔，水流平静，河水滋润了两岸肥沃的土地，哺育了中欧地区的文明。

P113：多瑙河上游山区河段，峰峦起伏，云腾雾绕，一派迷人的金秋景色。

奥地利著名作曲家、被誉为“圆舞曲之王”的小约翰·施特劳斯创作了一部誉满全球的圆舞曲《蓝色多瑙河》，其优美动人的旋律已经深入人心。不过，如果你在匈牙利布达佩斯乘坐游艇，一边欣赏多瑙河的两岸美景，一边聆听优美的《蓝色多瑙河》乐曲，那感觉才是最美妙、最动人心弦的。

布达佩斯被称为“多瑙河上的明珠”，当地人常说：“多瑙河是布达佩斯的灵魂，而布达佩斯是匈牙利的骄傲。”布达佩斯是由西岸的布达和东岸的佩斯两座城市组成，通过多瑙河上八座美丽的大桥连为一体的。《蓝色多瑙河》乐曲自始至终伴随着游艇在多瑙河河面上荡漾，两岸金碧辉煌的国会大厦、庄严典雅的王宫、古朴清秀的渔人堡伴着乐曲迎面而来，又随着音乐飘然而去，令你完全忘记了自己的存在，整个身心都陶醉在乐曲和美景的交融之中……

多瑙河是仅次于伏尔加河的欧洲第二长河。它发源于德国西南部的黑林山东坡，自西向东流经奥地利、斯洛伐克、匈牙利、克罗地亚、塞尔维亚、保加利亚、罗马尼亚、乌克兰等国，在乌克兰与罗马尼亚边境附近注入黑海，是世界上干流流经国家最多的河流之一。多瑙河全长2 850千米，流域面积81.7万平方千米，可以说是欧洲的一条“超级”国

际河流。

多瑙河不同河段的自然景观迥然而异，各具特色。上游流经崎岖的山区，河流劈山越岭，呼啸而下，河道狭窄，峡谷幽深，两岸多峭壁，水中多急流险滩，河水桀骜不驯，充满了大自然的野性。由于交通不便，山区河流绮丽的原生态自然风光仍是“养在深闺无人识”。中游进入中欧平原地带，河流在一马平川中蜿蜒摆动，平静流淌，河谷宽阔，河道曲折，多瑙河变得温婉驯服，河水滋润了两岸的土地，哺育了中欧地区的文明。

然而，多瑙河最美的自然景观应属三角洲地带，这里是欧洲现存的最大的湿地自然保护区，1991年入选为联合国教科文组织的“世界自然遗产名录”。多瑙河在入海口处形成一个巨大的扇形三角洲，地跨罗马尼亚和乌克兰边境，总面积约6 000平方千米，其中河滩占总面积的25%，其余是水草地、沼泽和湖泊等，属于“世界自然遗产”和“人与生物圈”，受到严格保护的面积达2 700平方千米。

多瑙河三角洲是湖沼、芦苇荡、草地和野生橡树林的综合体，因其自然资源丰富，被誉为“欧洲最大的地质和生物实验室”，除有大量海洋生物外，极为丰富的陆上动植物也令人惊叹。这里有植物1 150种，其中包括亚热带的藤本植物及睡莲。三角洲两岸长满了高大的橡树、白杨、柳树、桤木和各种灌木。芦苇遍布三角洲，覆盖了2/3的面积，是世界最大的芦苇产地。每当芦花绽放的季节，多瑙河三角洲白茫茫一片，无边无际，蔚为壮观。人们开着收割机收割丰收的芦苇，次年芦苇又茁壮地自生自长，成为大自然恩赐给当地居民取之不尽的财富。

多瑙河三角洲最美妙神奇、脍炙人口之处是著名的“浮岛”景观。这个由众

P115上左：罗马尼亚境内三角洲湿地景观。多瑙河下游河汉纵横，水网稠密，形成宽广的三角洲，拥有欧洲现存的最大的湿地。

P115上右：多瑙河三角洲的湿地，特别是水上“浮岛”是飞禽和水鸟的天堂。这里是欧亚非三大洲来自五条路径的候鸟会合地，经常聚集着300多种鸟类。图为三角洲浮岛上的常客池鹭。

P114～115：在多瑙河三角洲，一大群白鹈鹕安详地歇息在湖面上，多得无法计数。乍看似三角洲湖沼中朵朵盛开的白花。群鸟飞起时，宛如雪花飘飘，纷纷扬扬，形成一幅无比美丽的画面。

多浮岛组成的巨大而美丽的花园，漂浮在水面之上，是三角洲腹地的一大特色景观。浮岛占地1 000平方千米左右，厚约1米，上面长着茂盛的植物，远远望去，与陆地无任何不同，然而它却是一座座漂浮在湖水之上的无根之岛。浮岛上有茂盛的植物群落和各类飞禽走兽，自成一个独立的生态系统，具有良好的环境生态效应。浮岛植物的光合作用与蒸腾作用调节着水面的微气候，适宜于鸟类和湿地动物的栖息；同时，浮岛的遮阳效果、涡流效果等又为鱼类创造了良好的生存条件。浮岛还具有净化水质、改善水生环境等综合性功能，特别是对藻类有很好的抑制效果。那么，浮岛又是怎样形成的呢？据研究，浮岛是由漂浮着的水生植物与泥土、腐泥构成。有些是离土的植物根或水底泥炭块内因积累了大量气体而造成上浮的，也有因湖岸的一部分植被脱离了湖岸造成的。浮岛并不稀罕，但是像多瑙河三角洲如此巨大的浮岛，实属罕见。

多瑙河三角洲以“鸟类的天堂”著称。这里是欧、亚、非三大洲来自五条路径候鸟的会合地，也是欧洲飞禽和水鸟最多的地方，经常聚集着300多种鸟类，其中包括4种世界上仅存于此的鸟类。各路鸟群在此聚会，形成众鸟争鸣、热闹非凡的景象。在这里不仅能看到天鹅、金翅雀、热带的江鹤、北极的白顶鹅、中国的白鹭、西伯利亚的长尾猫头鹰、鹈鹕、野鸭、黑雁、秃头鹰、苍鹭等，还能看到世界上仅存的黑颈鸬鹚，其中鹈鹕和白鹈鹕是自然界珍奇的大型鸟类。这里还有北美的麝鼠、狸、鼬、狼、貂、野猫、水獭、海狗等动物。此外，水生动物资源也极其丰富，三角洲湖沼中栖息着各种龟类和鱼类，现已查明有鲟鱼、鲈鱼等60多种，其中45种为多瑙河土生土长的品种。

The Carpathian Mountains

喀尔巴阡山

罕见的原始山毛榉林

P116：罗马尼亚南喀尔巴阡山原始山毛榉林的金秋景色。

P117：斯洛伐克喀尔巴阡山原始山毛榉林中，林木葱郁，泉水淙淙，风光秀丽迷人。

大凡到过欧洲的人，一谈到欧洲国家，无不赞叹其林木茂盛、满目青翠。欧洲各国森林覆盖率普遍都很高，只是树木种类比较贫乏，置身林中就会发现，浩大的林子中，仅生长着几种树木。这是因为整个欧洲大陆经历了多次冰川的大扫荡，许多林木惨遭灭顶之灾。欧洲地理学家和植物学家非常羡慕中国生物资源的多样性，特别是至今仍保留着许多第三纪的孑遗植物和茂密的原始森林。欧洲国家的森林大都是次生林和人工林，原始林极为稀罕，能引以为傲的只有喀尔巴阡山原始山毛榉林和德国古山毛榉林。

喀尔巴阡山脉全长1 500千米，贯穿于捷克、斯洛伐克、奥地利、波兰、乌克兰、塞尔维亚、罗马尼亚等国，呈半环形横卧于中欧和东南欧大地，其长度仅次于斯堪的纳维亚山脉，为欧洲第二大山系；海拔高度一般在2 000米以下，最高峰格尔拉赫峰海拔2 655米（在斯洛伐克境内）。山中的山毛榉原始林，是全球重要的珍稀森林之一，由10片林带组成，总面积292.78平方千米。这10片原始森林展示了最完整的原生态模式，这里既是宝贵的山毛榉基因库，还是上一个冰河时代后期陆地生态系统和群落再移植和发展过程的记录。2007年入选“世界自然遗产

名录”之后，又增加了5片德国古山毛榉林（因其曾多少受到过人类活动的干扰，还称不上原始林，面积43.91平方千米）。于是，这项世界自然遗产便更名为“喀尔巴阡山脉原始山毛榉林和德国古山毛榉林”，为斯洛伐克、乌克兰和德国共有，共同承担保护和管理责任。

山毛榉树是温带地区阔叶林生物群落中最重要的成员之一，最适宜在北半球生长。走进喀尔巴阡山原始山毛榉林，踏在厚厚的枯枝落叶上，跨过横倒在地上的朽木，呼吸着原始森林中潮湿的空气，越往密林深处走，越感阴森、寒意袭人，似乎在走向冰河时代，有种厚重的历史感。同时你也会惊讶地发现，在这茂密的森林中，树种竟是如此单一，如同人工特意种植的一般。山毛榉树木高大挺拔，树形俊秀，一般高度为25～35米，树干修长挺直，呈浅灰色，树冠较窄。在光照充裕的地段，树枝舒展，冠如华盖。

山毛榉林在历经冰川浩劫之后，不仅顽强地生存下来，还一代代繁衍扩散，从海岸地带到内陆腹地，从高原山地到丘陵平原，在各种生态环境下都能茁壮生

P118：欧洲山毛榉树高度一般为25～35米，最高可达50米。树龄通常为150～200年，最长甚至可达300年以上。树干修长笔直，树冠较窄；如光照充足、空间开阔，山毛榉树则冠如华盖，十分美丽。

P119：罗马尼亚南喀尔巴阡山国家公园里的原始山毛榉林，一株高龄山毛榉树的树根被苔藓覆盖。

长，并成为欧洲许多城镇公园优选栽培的观赏树种，这是否说明山毛榉存在某些特殊遗传基因呢？相信深入研究这些森林及其基因演化的历史，对于揭示全球生态环境的演化过程会很有意义。

在人口众多、经济活动繁杂、历史上战乱频仍的中欧地区，能将这15片原始森林或古森林保存至今，也是奇迹。由此，人们便不难明白，联合国教科文组织将它们列入“世界自然遗产名录”的初衷，正是看中了它们的历史和科学价值，以促进相关国家对其加以严格的保护和科学的管理。

这15片山毛榉林各有特色。有的有山泉溪流相伴，有的有湖沼湿地点缀，有的有鸣禽啼鸟，有的有野兽出没，如熊、狼、山猫、鹿、野猪和猞猁等。山毛榉是落叶阔叶树，每年春季树木抽叶时节，满树嫩绿，青翠欲滴，一片生机勃勃；金秋季节，漫山遍野一片金黄、明黄、淡棕色……美如一幅幅色彩斑斓的油画。

Karst

喀斯特

岩溶地貌的故乡

P121上左：特里格拉夫峰是一座石灰岩山地，岩溶地形发育十分典型。图为国家公园中典型的石灰岩溶蚀地貌。

P121上右：特里格拉夫峰国家公园的秋景，漫山红遍，层林尽染，深邃的峡谷中瀑布飞流，美不胜收。

P120～121：在特里格拉夫峰国家公园里，以山毛榉、云杉和落叶松组成的森林带，属于温带针阔叶混交林，是公园原生态的自然景观。

也许我们对“喀斯特”这个词并不陌生，中国的桂林山水、路南石林等石灰岩地貌就是典型的喀斯特地貌。但是对于“喀斯特”名称的来历，可能就不那么清楚了。关于“喀斯特”的来源，不妨把目光聚焦到欧洲的斯洛文尼亚去看看。“喀斯特”是斯洛文尼亚西部一个地区的名字，因该地石灰岩岩溶地貌广布，形态极其丰富，且非常典型，学者们便把这种石灰岩岩溶地貌用该地地名喀斯特命名，统称为“喀斯特地貌”，“喀斯特”于是成为世界此类地貌的通用词汇了。而斯洛文尼亚的喀斯特地貌被认为是地球上最美妙、最具魅力的喀斯特景观。

斯洛文尼亚人有两大骄傲，一是特里格拉夫峰，二是什科茨扬溶洞。前者是国家的象征，在斯洛文尼亚的国旗、国徽上，都可以看到这座山峰雄伟的英姿；后者则是斯洛文尼亚唯一的世界自然遗产。这两大自然奇观，一个是山峰，一个是地下溶洞，但它们的身躯都由石灰岩构成，都是喀斯特地貌。

特里格拉夫峰（Triglav）耸立在斯洛文尼亚西北部，为尤利安山脉主峰，海拔2 863米，在全国大部分地区都能远眺雪峰入云、时隐时现的倩影。特里格拉夫山群峰争雄，其中最高的三座山峰总是如影相随，“特里格拉夫”原意便是“三峰并立”。

特里格拉夫峰国家公园内喀斯特地区峰峦起伏、崎岖险峻、岩壁陡峭、峡谷幽深，既有飞泻的瀑布，又有湍急的溪流，由冰川刨蚀形成的湖泊和U型谷地点缀其间，由山毛榉、云杉和落叶松组成的茂密森林覆盖了2/3的土地，从山麓一直延伸到海拔1 600～1 800米的高度。北部较寒冷的山地，还可见到侏儒松，南部较温暖的向阳山坡，生长着美丽的白蜡树。林下花草色彩鲜艳，盛开的兰花、火绒草和龙胆等，引来蜜蜂传播花粉。林带以上为山地草甸带，到处绿草茵茵，牛羊在这里自由地觅食。山村古色古香，保持着原来的民风

P122：特里格拉夫峰高耸云端，白雪皑皑的山峰在斯洛文尼亚人心中是圣洁的象征。无论在斯洛文尼亚的国旗、国徽上还是硬币上，都能见到她那圣洁的雄姿。

P123：斯洛文尼亚中部山林秋色：茵茵的草坡，茂密的林带，远山的剪影，天边的落日，层次分明，多姿多彩。

民俗。再向上至海拔2 000米以上，便是怪石嶙峋、尖峰兀立、植被稀少的顶峰地带了。

特里格拉夫峰国家公园由于严禁狩猎和林木开采，农牧业也限制在维护生态平衡的规模，所以野生动物种类很丰富，有不少当地特有或珍稀的品种，如棕熊、岩羚羊、大松鸡、皇鹰等。

特里格拉夫峰地区喀斯特地形千姿百态，诸如石芽、斗淋、落水洞、石灰岩沟等，特别是石灰岩溶洞多达600多个（全国有1 000多个），可称为喀斯特溶洞博物馆，是近代溶洞考察和探险的发源地。不过，斯洛文尼亚的喀斯特地形中，最著名的是什科茨扬溶洞。

什科茨扬溶洞位于斯洛文尼亚的西南边境，洞群总长5 000米，占地面积约2平方千米，包括南部的索科拉格、西部的格洛巴哈克、北部的沙彭多尔和利赫纳等喀斯特河谷盆地，以及长约2.5千米的喀斯特河滩和马霍茨奇溶洞等。什科茨扬溶洞群深浅不一、形态各异，有的深达230米，有些呈层分布。溶洞中有钟乳石、石笋、石柱等，还有许多形状似人似物似鸟兽，惟妙惟肖，就像抽象派画作，任凭你去想象。此外，还有流水潺潺的地下河、地下湖和地下瀑布，其中一处崩塌的落水洞，形成长达6 000米、深度超过200米的神秘地下通道。

什科茨扬溶洞的著名景点有音乐厅、望点、捷尔克沃尼克桥、静默洞和怨声洞等。尤以白色的“音乐厅”景色最为绝妙。它是一处高40米、面积约3 000平方米的大溶洞，形似一座巍峨的宫殿，可容纳万人左右。由于音响效果极好，每年在这里都会举行岩洞音乐会，众多音乐爱好者和旅游者蜂拥而至，享受音乐厅独有的美妙音乐。

什科茨扬溶洞群展示了极其典型的喀斯特地形的演变过程，政府以什科茨扬溶洞为中心建立了什科茨扬地质公园。作为世界自然遗产的什科茨扬溶洞群在开放旅游观光的同时，非常注意保护喀斯特地形的原生态。溶洞内没有俗丽的灯光秀，也没有过度人工神化的景点，只有最真实的石灰岩岩溶形态美景、最自然的水声和回音。导游控制走道边的照明灯，按最小需求来操作，并且全面禁止摄影。因为在闪光灯长年累月刺激下，藻类会加速生长，使钟乳石不仅呈现暗绿色，也会影响钟乳石的正常成形。开放观光的路线只占溶洞的一小部分，其余则用以科研考察。

P124上：特里格拉夫峰国家公园自然生态保护良好，严禁狩猎和伐木，农牧业也以维护生态平衡为限，野生动植物资源非常丰富。图为在林间觅食的松鸡。

P124下：在特里格拉夫峰陡峭垂直的悬崖上，羱羊攀岩如履平地。这种以青草和灌丛枝叶为食的野生山羊，只要有立锥之地，它们便能攀登上去。

P124～125：斯洛文尼亚是"喀斯特"的故乡，各种喀斯特地形发育极为成熟，特别是那些形态各样的溶洞，成为科考探险者的向往之地。图为考察队员划船进入溶洞中考察。

P125上左：斯洛文尼亚的一处洞穴风光。

P125上右：斯洛文尼亚的石灰岩溶洞中，石钟乳、石笋、石柱清楚可见，洞内还有地下河。

The Doñana National Park

多尼亚纳国家公园

鸟类的天堂

P126：夕阳西下，多尼亚纳国家公园里白鹳归巢的欢闹场景。多尼亚纳国家公园是在欧洲和非洲间往返迁徙的候鸟必经的落脚地，成千上万的鸟儿在此栖息。这里不但是鸟类的天堂，也是世界著名的观鸟爱好者的乐园。

大地回春，万物复苏。南飞过冬的候鸟，成群结队地从热带非洲飞越撒哈拉大沙漠和地中海返回北欧或中欧。旅程漫漫，筋疲力尽的鸟儿奋力地飞往它们落脚歇息之地——多尼亚纳国家公园。

多尼亚纳国家公园（Doñana National Park）是欧洲最重要的以飞禽类为主的自然保护区，位于西班牙南部安达卢西亚自治区西南沿海，占据瓜达尔基维尔河的右岸、大西洋的海湾地带。鸟儿们之所以会选择多尼亚纳国家公园，就是因为它地处候鸟迁徙的必经之地，且濒临大西洋，拥有大片湖沼湿地，是候鸟的天赐福地。候鸟每年来来往往，总不忘在此歇足，甚至筑巢下蛋孵雏。在蔚蓝的海湾、碧绿的草海、金色的沙丘衬托下，成千上万的候鸟和在此越冬的留鸟一起在天空翱翔，在水上嬉戏，欢

P127左：多尼亚纳国家公园森林晨曦。森林地带栖息着许多野生动物，包括不少珍稀或濒危动物，如伊比利亚猞猁、埃及獴等。历史上这里曾是西班牙王室的狩猎地，如今野生动物受到很好的保护。

P127右：多尼亚纳国家公园湿地水草丛中的水鸟——紫水鸡。公园禽鸟种类繁多，还生活着多种珍稀和濒危种类，除了紫水鸡，还有西班牙帝雕等。

快地鸣叫，俨然一个飞禽的极乐世界。

多尼亚纳国家公园与瓜达尔基维尔河的入海口相连，河流的淡水与海洋的咸水交汇，鱼类和浮游生物非常丰富，为鸟类提供了丰富的食源。这里地形平坦，主要由海滨沙丘、沼泽湿地和林地灌丛等三种生态系统组成。独特的环礁湖、沼泽地、固定和移动的沙丘、丛林和灌木地带等相互交错，环境幽静，景色绮丽。公园内地下水水位很高，几乎都是由软泥湿地组成。沼泽中的沉积物富含有机物和矿物质，在水池、浅滩、溪流、芦苇地和河滨泥地中有着各种各样的水生物和微生物，鸟类、水禽的食物可以说取之不尽、用之不竭。这里属于典型的地中海气候类型：年均气温为17℃，夏季比较干热，7月和8月是一年中最热的月份，冬季温和湿润；一年中平均降水量为600毫米，主要集中在冬季，月降水量最大的是12月份。如此良好的自然环境，使这里成为大群迁徙候鸟中途休息的理想栖息地。

多尼亚纳国家公园以生物多样性著称，这儿有异常丰富的飞禽，登记在册的就有365种之多，每年有50多万只水禽来此越冬。这里是地中海地区最大的鸟类产蛋孵化地之一，还是西班牙家禽鸭子的过冬地。这里生活着多种濒危和珍稀鸟类，其中最著名的是白肩雕，全世界仅存125对，有15对安居在此。地上的动物有红鹿、野猪、野马、鼬鼠、野兔和变色龙等。多尼亚纳国家公园是欧洲唯一发现埃及猫鼬和伊比利亚猞猁的地方，也是西班牙皇鹰、紫鹬、白背龟等珍稀动物最后的保护地。其中伊比利亚猞猁属于极度濒危动物，目前仅存100余只。

多尼亚纳国家公园历史悠久，园龄已超过700年，最初是西班牙国王腓力四世（1621～1665）和腓力五世（1700～1746）及阿方索十三世（1902～1931）所喜爱的狩猎保留区，自然环境一直得到良好的保护。现在，多尼亚纳国家公园已成为西班牙著名的旅游胜地。这里有极其优良的沙滩和海鲜等资源；公园旁边的阳光海岸，一年中晴天多达300多天，以阳光明媚著称；海岸平坦舒展，沙滩细腻柔软，海水平静湛蓝，水温常年在20℃左右，是日光浴、海水浴最理想的地方。这里还是西班牙伟大作家塞万提斯生活过的地方，他就是在这个宁静而富有浪漫气息的地方，写下了不朽的现实主义巨著《堂吉诃德》。所以，有些游人会特意模仿堂吉诃德的动作，在这片自由的天地里尽情地舒展自己的浪漫情怀。

埃特纳火山 Mount Etna

最勤奋的活火山

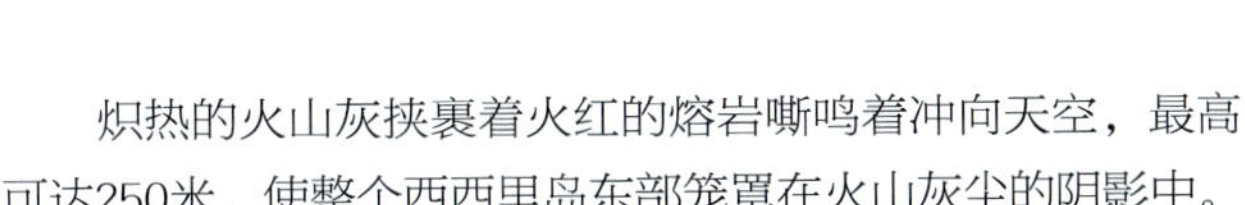

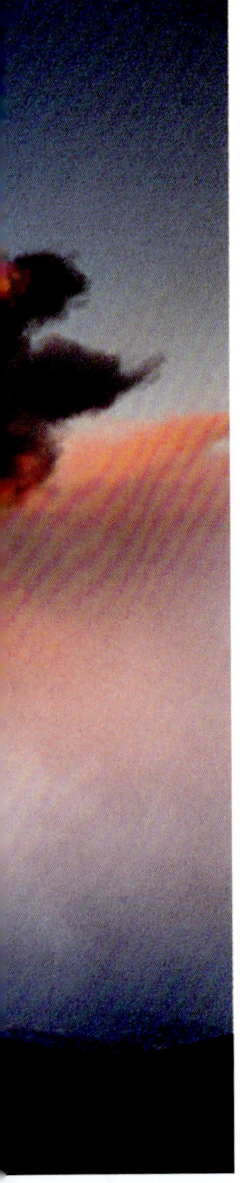

炽热的火山灰挟裹着火红的熔岩嘶鸣着冲向天空，最高可达250米，使整个西西里岛东部笼罩在火山灰尘的阴影中。红色岩浆顺着山坡滚滚流淌，冲入山中的城镇村庄，把这里瞬间变成一片火海。

这就是埃特纳火山喷发时的场景。海拔3 323米的埃特纳火山，其喷发时的壮观场面，既令人生畏，又令人神往，吸引着来自世界各地勇于探险的游客。

埃特纳火山（Mount Etna）的名字来自希腊语，意为“我燃烧了”，十分形象地反映了其火山特性。它位于西西里岛东岸，距离岛上第二大城市卡塔尼亚仅29千米。埃特纳火山不仅是欧洲海拔最高的活火山，还是世界上喷发次数最多、频率最高的活火山。它高耸云端，山顶常年积雪，其下部是一个巨大的盾形火山体，面积1 600平方千米，基座周长约150千米，上部为300米高的典型火山渣锥。埃特纳火山位于地中海火山带、亚欧板块与非洲板块交界处，地质构造处于几组地层断裂的交汇部位，因而火山活动一直很频繁，火山口始终冒着青烟，似乎正蓄势待发，随时都会喷出烈焰！

每座火山都有自己独特的个性和魅力。埃特纳火山最大的特点是它那规律性的震颤。当地火山监测站长期观测发现，每日午后14时左右，火山震颤达到最高峰。在喷发活动最剧烈的时候，距离火山数千米外的村镇都能感受到房屋门窗的晃动，可见岩浆涌动力量之大。埃特纳火山上遍布着各种大小的喷气孔，硫质气味很浓，喷气孔旁边常有淡黄色的硫黄沉淀下来，不时发出因气体喷发产生的闷响。火山喷发时，岩浆夹杂着火山灰冲天而起，四处弥漫的火山灰会飘落到邻近的诸多区域，卡塔尼亚市机场就多次因为火山灰飘落而临时关闭。

最奇怪的是，2011年7月9日，埃特纳火山喷发后，当地许多电子钟表和电脑内置的时钟等计时装置突然变快了

P128上左：由火山熔岩形成的玄武岩覆盖在埃特纳山上，黝黑而崎岖，寸草不生。然而在火山灰质土地上，也能见到鲜花盛开的美丽图景。

P128上右：埃特纳火山首次喷发距今已有2 400多年，喷发次数多达200多次，至今仍然十分活跃，是欧洲最高和世界喷发次数最多的活火山。

P128～129：埃特纳火山一次喷发的场景：带着浓烈硝烟气味的火山灰直上云天，随风飘扬，遮天蔽日，十分恐怖。进入21世纪以来，埃特纳火山已连续喷发过5次。

P130：埃特纳火山山麓和周边地带受惠于火山灰的大量堆积，形成十分肥沃的土壤。这里林木青翠，果园遍布，一派富饶的田园风光。图为山麓地带的巴旦杏树果园。

P131：埃特纳火山喷发时，火红炽热的熔岩流沿着陡峭的山坡奔泻而下，场面惊心动魄，却又令人神往。每当埃特纳火山喷发时，都有来自世界各地的探险者不顾劝阻和禁令，冒着生命危险去就近观察。

15分钟，次日早上许多民众比正常上班时间提早一刻钟到岗。据悉，这种火山喷发导致的异常现象并不是第一次出现，埃特纳火山数年前有一次爆发，周围地区的电子设备突然自动起火。为什么火山喷发会引起电子设备的变化？至今依然是个谜。

尽管埃特纳火山给当地居民的生命财产造成了巨大威胁，但他们还是不愿搬离故土，远走他乡，原因是火山喷发出来的火山灰堆积而成的肥沃土壤，为农业生产提供了极为有利的条件。海拔900米以下的地区，多已被垦殖为葡萄园、橄榄林、柑橘种植园，以及栽培樱桃、苹果、榛树的果园，由当地出产的葡萄酿成的葡萄酒远近闻名，别有风味。这些优势使当地成为人口稠密、经济兴旺的地区。而海拔900～1 980米的地区为森林带，有栗树、山毛榉、栎树、松树、桦树等植物，为当地提供了大量的木材。海拔1 980米以上的地区，则遍布着火山堆积物，只有稀疏的灌丛，山顶还常有积雪。

埃特纳火山是一座活火山，即使在休眠期间，内部依然在持续不断地沸腾，火山口始终冒着青烟，当地政府将它列为“高度危险区”，禁止游人登山游览。但每次火山喷发时，来自世界各地的游客以及探险者、研究火山的专家和摄影爱好者都不顾劝阻，冒险前往，一睹为快。

火山喷发的奇景，积雪的山峰，葱绿的林带和种植在山麓上的果园、葡萄园和橄榄林，成为当地重要的旅游资源。为了便于游览，当地于20世纪60年代在火山上修筑了盘山公路并安装了缆车。

意大利的火山活动频繁，其监测研究水平在世界上也处于前列，仅西西里岛就有四个火山监测站。不过，科学家认为，火山喷发的预报比地震预报还要难得多，目前只能是加强监测，防患于未然。

非洲

Africa

非洲是一个骑在赤道上的热带大陆，它那几乎南北对称的自然环境，使非洲成为一方美妙神奇的土地。这里有茂密的刚果雨林；热带稀树草原上有震撼人心的百万野生动物大迁徙；撒哈拉大沙漠营造了地球上最浩瀚的苍凉之美；炎热的赤道上皓白的雪峰竖立云端，构成地球上极致之美；东非大裂谷揭示了地球的奥秘与神奇；那些美丽的火烈鸟，更是非洲的标志……

刚果奥德扎国家公园的湿润草原上，飞舞的牛背鹭追逐着一群奔跑的非洲森林野牛。

The Nile 尼罗河

“情人”之河

P135：在阿斯旺，尼罗河上的三桅帆船随处可见，尽管速度不快，却充满了古老的埃及风情。

谈到尼罗河，人们自然就联想起尼罗河畔灿烂的古埃及文明：开罗的金字塔、卢克索的神庙、纸莎草记录、古代几何学的诞生……尼罗河谷地和三角洲是古埃及文明的摇篮。尼罗河水滋润了埃及干旱的土地，哺育了埃及古代文明和现代发展，至今仍然有90%以上的埃及人生活在尼罗河两岸及其三角洲上。

尼罗河是世界上最长的河流。从东非大湖区源头起，长达6 671千米，全流域面积为285万平方千米，居世界第六位。尼罗河是由两条性格不同的支流在苏丹喀土穆汇合而成的。一条是湍急奔放的青尼罗河，一条是平静婉约的白尼罗河，人们将这两条河比作一对相爱的情人，它们创造了尼罗河的文明。尼罗河的水文状况和自然景观在不同河段各不相同，最精彩、最富有特色的河段有三处：上游的青尼罗河瀑布连成一片，奔腾咆哮；中游青尼罗河和白尼罗河激情相拥；下游的尼罗河敞开胸怀，拥抱大地，孕育出灿烂辉煌的尼罗河三角洲文明。

青尼罗河发源于埃塞俄比亚西北部塔纳（Tana）湖附近海拔1 800米处的阿巴伊（Abai）河，出塔纳湖后一泻千里，形成一系列急滩和瀑布，其中有非洲著名的第二大瀑布——青尼罗河瀑布，又名提斯塞特瀑布。“提斯塞特”（Tissisat）在当地语言中意为“冒烟的水”。青尼罗河瀑布是埃塞俄比亚最著名的自然景观和旅游名胜之一。瀑布从一条高达55米的悬崖裂隙中飞泻而下，撞击在岩壁上，雷声轰鸣，水花飞溅，雨雾弥漫，在阳光照射下，化成美丽的七色彩虹。瀑布由四股水流组成，雨季盛期，滚滚瀑布连成一片，织成一幅宽达400米的水帘，如万马奔腾，飞泻深谷，气势磅礴，蔚为壮观；干季时只剩下几股银线般的涓涓细流，透着一股温柔，也别有情趣。塔纳湖中有20多座小岛，林木葱茏，风光秀丽。由于青尼罗河瀑布形成一道天然屏障，使塔纳湖和瀑布一带形成了独特的生态环境和动植物区系，此处栖息着许多珍稀的野生动物和鸟类，有不少当地特有物种。

青尼罗河急流滚滚，穿越崇山峻岭，奔流而下，最后折向西北流入苏丹平原，在苏丹首都喀土穆迎来了他的“情人”——白尼罗河，从此青尼罗河结束了它1 600千米的艰辛旅程，汇合成著名的尼罗河。

白尼罗河是尼罗河最长的支流，全长3 700千米。它发源于“高原之国”布隆迪境内，注入维多利亚湖，湖水从北部流出后，经基奥加湖和艾伯特湖，在喀土穆与青尼罗河相会。东非高原众多湖泊养育了白尼罗河，使之水量丰富而均衡，

P136~137：尼罗河由青、白尼罗河两条支流汇流而成。图为青尼罗河上游埃塞俄比亚西北部的塔纳湖。飞流从塔纳湖倾泻而下，咆哮如雷，水雾弥漫，形成了著名的青尼罗河瀑布，是非洲的第二大瀑布。

季节变化不大。可是，当它进入苏丹南部盆地后，因为地势低平，水流缓慢，河水溢出河床，形成面积达1万平方千米的宽广的沼泽地带。沼泽中长满了纸莎草等湿生植物，与同纬度的热带稀树草原景观迥然不同。在这里，酷暑骄阳蒸发消耗了河流2/3的水量，瘦身后的白尼罗河水流平静而缓慢，清澈的河水也被沼泽地里腐烂的植物染成了灰白色，显得更加温柔。

喧嚣的青尼罗河与恬静的白尼罗河在喀土穆交汇融合，成为世界著名的尼罗河。如从高空俯瞰两河汇合处，乍看像是一个大大的“人”字，河水在交融的一刹那激情奔放，聚集成一股强大的水流汹涌向前。有趣的是，在斑驳的阳光下，合股后的200多米宽的水面上，两条河水依然保持着各自的颜色，一蓝一白，泾渭分明，就像两条色调鲜明的绣带平铺在一起，绵延数千米，构成绝妙的“喀土穆奇观”。夹在两河中间的狭长的喀土穆城区，如同大象的长鼻子伸进尼罗河里。在阿拉伯语中“喀土穆”的原意就是“大象鼻子”，真是形象而生动。

青、白尼罗河汇合后，尼罗河开始进入下游河段，穿过苏丹北部进入埃及境内。下游河段所经过的大都是干旱的半荒漠和荒漠地带，河流在沙漠中穿行。在下

游河段中，尼罗河在苏丹北部接纳了最后一条支流阿特拉巴河，此后再无任何支流补给水量，加上强烈的蒸发，河流流量越来越小。最后，尼罗河在开罗附近分叉散开汇入地中海，以开罗为顶点，西起亚历山大港，东至塞得港，海岸线绵延230千米，形成了巨大的尼罗河三角洲。尼罗河三角洲是地中海最大的河流三角洲，面积达2.4万平方千米，由尼罗河的泥沙淤积、沿岸海流、潮汐流和气候变化等种种因素塑造而成。据历史记载，在古埃及法老时代，尼罗河在进入三角洲以后分成了7条支汊，而现在，由于河道的淤积和变迁，三角洲上的主要河汊只剩下两条了。尼罗河三角洲的形状看上去不仅形似一枝莲花，从尼罗河谷地伸展出来，而且其上还生长着大片的莲花。莲花是上埃及的象征，每到秋季，河面都会被莲花映红，美轮美奂。

尼罗河三角洲是古埃及文明的发祥地，经历了五千多年的农业开发，自然景观已被人文景观所取代。三角洲地势平坦，土地肥沃，河网纵横，渠道密布，放眼望去，一派灌溉农业的田园风光。这里集中了埃及2/3的耕地，是世界上长绒棉的主要产地。在埃及人的心中，尼罗河是一条母亲河，是埃及历史文明源远流长的象征。

P137上：阳光透过清晨的雾气照射在吉萨平原的三座金字塔上，而尼罗河如镜的河水忠实地映照着这样宁静的画面。尼罗河从苏丹向北穿过埃及，所过之处皆是沙漠。从古代开始，埃及的文明就依靠尼罗河的哺育而形成和兴旺，几乎所有古埃及遗址均散落在尼罗河畔。

P137下：尼罗河支流白尼罗河上的默奇森瀑布（卡巴雷加瀑布旧称），在乌干达境内。飞流从天而降，蔚为壮观。

The Sahara Desert 撒哈拉沙漠

诗意的苍凉

P139上左：埃及著名的沙漠旅游景点——白沙漠。在离开罗西南300千米的地方，耸立着一座座洁白的岩柱，或状如蘑菇，或形似骆驼、海豹等，惟妙惟肖，任你想象。这是沙漠风暴雕蚀的杰作。

P139上右：埃及境内的一处岩漠奇观。

P138～139：撒哈拉沙漠是世界上最大的沙漠，横贯整个北非大陆。这里是世界上自然环境最严酷、最荒凉、最不易人类生存的地区之一。然而原生态自然景观之壮美，无与伦比。

我举目望去，无际的黄沙上有寂寞的大风呜咽地吹过，天是高的，地是沉厚雄壮而安静的。正是黄昏，落日将沙漠染成鲜血的红色，凄艳恐怖。

近乎初冬的气候，在原本期待着炎热烈日的心情下，大地化转为一片诗意的苍凉。

——三毛《撒哈拉的故事》

如果你有机会，不妨也像三毛一样，去撒哈拉沙漠探险旅游。可以从摩洛哥或阿尔及利亚南端出发，骑着骆驼穿越撒哈拉沙漠，感受漫天黄沙、无边“火海”。在浩瀚的沙漠中，人显得那么渺小，就像随风飘扬的一粒黄沙！夜幕降临，你可以以天为被，以沙为席，伴随着篝火入眠。

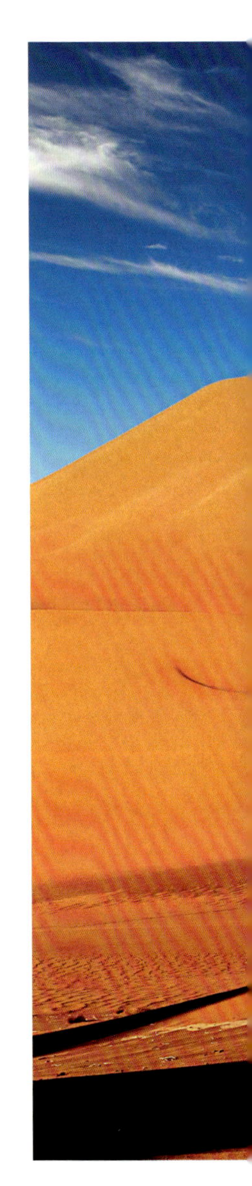

撒哈拉沙漠是世界上最大的沙漠，面积960万平方千米，占非洲大陆的1/3，几乎与美国面积相当。撒哈拉沙漠西自大西洋，东至红海，东西长4 800千米，南北宽1 300～1 900千米，横贯整个北非，涵盖摩洛哥、西撒哈拉、阿尔及利亚、突尼斯、利比亚、埃及、毛里塔尼亚、尼日尔、马里、乍得和苏丹共11个国家和地区。撒哈拉沙漠将非洲大陆分隔成两大部分：撒哈拉以北的阿拉伯非洲和撒哈拉以南的黑非洲，自然环境和人文景观迥异。

撒哈拉得名于当地游牧民族图阿雷格人的语言，意为“大荒漠”。这里虽然是世界上自然环境最恶劣、最荒凉、最不适宜人类生存的地区之一，但自然景观之奇美却是无与伦比的。这里以“黄色”为基调，其形态呈现出多样化的变幻。在撒哈拉中部和东部地势较高的地区是一片岩漠景观，这里山岩裸露，植被稀少，阳光的曝晒和强烈的风沙剥蚀使该地区形成多姿多态的风蚀地形。而在地势比较平坦的地方，视野中是一望无际的大小砾石，就是人们常说的戈壁滩。这里生态环境极为严酷，几乎寸草不生，但那些不同形

P140上左：在撒哈拉大沙漠中，“有水就有生命”。图为利比亚沙漠中的绿洲，在水源点附近，椰枣树、灌丛和芦苇草生机勃勃。

P140上右：在1.5万年前，这里曾经历过一个湿润时期，是一片热带草原风光。如今在沙漠腹地发现的奇异绚丽的岩画证明了这一变化。图中是乍得荒漠岩画。

P140～141上：利比亚白沙丘国家公园里，从各种形态的岩石上风化下来的细沙，与周边的茫茫黄沙形成鲜明对照。利比亚白沙丘国家公园与埃及白沙漠可谓孪生姐妹。

P140～141下：沙漠是风的王国，或狂风大作，或微风拂面，雕塑出各种奇异的形象。图为乍得一处岩漠景观。

状、不同颜色的石块和石粒，在阳光下是那样的五彩斑斓，呈现出大自然的另一种魅力。在它的下面就是真正的沙漠了，起伏的沙丘连绵不断，有固定沙丘、半固定沙丘和流动沙丘等多种。沙漠是岩石风化的最终形态，新月形的流动沙丘可高达百米以上，随着强烈的沙漠风暴，沙丘迅速移动，不断改变着位置，因而常常使探险者迷路。沙漠中水源奇缺，生命难以存活，一般不可贸然深入流动沙丘腹地。非洲有一句民谚：“世上最难的事是在沙漠中找到出口。”不过，危险归危险，风在沙漠中吹出的灵动意境，不深入其中是领略不到的。

撒哈拉沙漠全年受阳光强烈曝晒，极其炎热，但昼夜温差极大。白天气温可高达59℃，大地如同火烧火烤；夜晚气温常降至零下，甚至低至-18℃。平均年降水量仅25毫米，有些地区只有5毫米，基本无雨。在如此严酷的自然环境下，仍有适合生存的精灵。那些矮小的沙生植物的根系极为发达，可吸收埋藏深处的水分，而叶面或革质，或披毛，或成针刺状，以减少水分的蒸发。每当夜幕降临，气温稍稍凉爽些，那些沙漠狐、跳鼠、蝎子、蝰蛇等小动物不知从什么地方钻出来觅食。大动物则很罕见，只有单峰骆驼，它们是阿拉伯人的伙伴，是运输物资的“沙漠之舟”。

撒哈拉沙漠地区人烟稀少，每平方千米不足1人，沙漠腹地更是渺无人迹。然而，撒哈拉沙漠并非不毛之地，星散分布的绿洲，是沙漠中的生命和精华。山麓地带或河谷洼地常有地表水或地下水溢出，那里椰枣树临风摇曳，一派绿洲田园风光，如埃及的尼罗河沿岸及三角洲的灌溉农业有着悠久的历史，阿尔及利亚、突尼斯和利比亚也有许多绿洲。沙漠中蕴藏着丰富的石油、天然气、铀、铁、锰、磷酸盐等资源，成为人们倍加关注的地方。

令人迷惑不解的是，在这极端干旱缺水的荒漠中，竟然发现了大约3万多幅绮丽多姿的岩石壁画，其中有一半左右在阿尔及利亚南部高原的岩洞中，描绘的都是河流中的鳄鱼、河马，陆地上的大象、水牛、鸵鸟、长颈鹿等，还有居民驾着独木舟猎捕河马的场景。

为什么岩画中有那么多动物，唯独不见骆驼呢？原来，这些岩画是远古文明的结晶。大约1.5万年前，撒哈拉地区曾经历过一个湿润时期，湖泊、池沼遍布，一片热带稀树草原风光，野生动物种类丰富，并有人类生存。远古岩画描述的正是撒哈拉这段黄金时期的景象。这个湿润时期大约在6 000年前结束，此后，撒哈拉便进入了漫长的干旱和荒漠化进程。在强烈的蒸发下，大部分湖泊都干涸了，只有少数几个大湖，如乍得东北部的约亚湖尚未完全干涸，但其盐度高于海水的5倍。沧海桑田，大自然的威力与神奇，超人之想，令人无奈。

P142上：突尼斯南部的撒哈拉沙漠景观。沙丘随着风暴移动，沙丘表面形成细细的波纹。

P142下：摩洛哥沙漠中的大耳小狐，亦称耳廓狐。沙漠动物往往有极其顽强的生命力，昼伏夜出，以适应沙漠中的恶劣环境。此外，常见的野生动物还有野骆驼、跳鼠、蝰蛇和蝎子等。

P142～143：阿尔及利亚撒哈拉地区的岩漠景观，属于岩石风化的最初阶段。

P143上左：尼日尔沙漠中奔跑的瞪羚。

P143上右：尼日尔撒哈拉地区的砾漠景观，属于岩石风化的中期阶段。远景可见茫茫砾漠中奔跑的瞪羚。

The Savanna of Africa 非洲热带稀树草原

野生动物的乐园

P144：平阔的塞伦盖蒂草原上，长颈鹿的脖子是显眼的标志。一只幼年的马赛长颈鹿好奇地看着游览者，族群的同伴在左右排列成颇有卡通感的画面。这种动物的长颈是远古竞争的演化结果，便于吃到高处的树叶，有利于增大警戒范围，而且可以在求偶时用来打斗。画面左侧的两头雄性长颈鹿就正在用脖子相互搏斗。

P145：塔兰吉雷草原上，粗壮的猴面包树枝干围成了天然的舞台框架，两头大象正在用鼻子进行打斗。非洲象是陆地上体型最大的动物，但是面对人类的贪欲，它们依然脆弱。长长的象牙常为它们招致杀身之祸，为了保护象的种群，各国都立法禁止了象牙贸易。

非洲是一个神奇的大陆，赤道穿过非洲大陆的中部，从赤道向北和向南，自然景观呈现出南北对称现象，依次出现热带雨林—热带稀树草原（萨瓦纳）—热带干旱草原（萨赫勒）—副热带荒漠（如撒哈拉）等不同景观带。“热带稀树草原”是中文意译，音译为“萨瓦纳”。原词Savanna源于地理大发现时期的西班牙冒险家对南美洲草原的描述，按照当地印第安塔伊诺人的语言，就是“树木很少而草很高”的意思，大有“天苍苍，野茫茫，风吹草低见牛羊”的意境。

在非洲稀树草原地带人少地多，大片荒地没有人烟，因而成为野生动物的乐园。非洲荒原上也常见到“白云下面马儿跑”的景象，但是原野上奔跑着的不是蒙古马，而是身上有美丽花纹的斑马和长着角的角马。角马形状奇特，既像马又像牛。不过，这里不像内蒙古草原那样抒情浪漫，而是到处充满了动物间的角斗厮杀。成千上万的角马和斑马迁徙时，颇有万马奔腾之势，而雄狮、猎豹紧追不放，一幅惊心动魄的壮观场景。河湖池沼是各种野生动物生存必需的场所，亦处处充满杀机。湖畔1～2米高的草丛里，往往潜伏着狮、豹等猛兽，突然蹿出捕食前来饮水的小羚羊之类的食草动物。河岸边蛰伏着凶恶的鳄鱼，身子沉入水中，只露出眼睛、鼻孔，守株待“兔”，突袭猎物，身手非凡。大象是草原上的庞然大物，象群在草原上没有天敌，它们大摇大摆地漫步，无所畏惧，却也很少欺凌弱小动物。水中的“大哥大”则是河马，时而潜入水下，时而露出水面，张开血盆大口，十分吓人。离河岸不远的树林中，长颈鹿伸着长脖子嚼食树叶，两只小

P146上：草原不仅为食草动物提供了丰富的食物，也公平地为食肉动物提供了捕猎和休息的蔽身之所。一只趴在金合欢树上小憩的花豹似乎觉察到了几百米外来自人类的目光，它优雅地拧身下树，踪迹立刻淹没在随微风摇荡的长草中。

P146下：凉爽的清晨，塞伦盖蒂草原上的母狮在集群狩猎。

眼睛警惕地看着四方，保护着身旁的幼鹿……由于人类活动干扰较少，这里仍然保持着良好的生态系统，成为世界上难得的天然动物园。为此，热带稀树草原地带相关国家陆续建设了许多国家公园、自然保护区来加以保护，其中有些已被联合国教科文组织列入“世界自然遗产名录”。

非洲的热带稀树草原分布范围很广，几乎占了撒哈拉以南黑非洲的一半面积，大致在南北纬5°～15°之间。热带稀树草原与热带雨林的景观特征完全不同，热带雨林最繁茂的地方在高高的树冠上，稀树草原的地表则是其精华所在。

热带稀树草原的气候总是与终年炎热相伴，热量资源丰富，但降水分配不均匀，一年有明显的干湿两季。年降雨量700～1 500毫米，90%集中在雨季。越远离赤道雨林地带，降雨量越少，干季越来越漫长，乔木和灌木越来越稀

疏。由此形成了以草本植物为主，雨季草类生长旺盛，旱季则凋萎枯黄的自然景观。树木分布稀疏，树冠形如伞状。为适应半干旱的气候，一些树木常有储水构造，耐旱、耐火烧，其代表性树种有波巴布树（亦称猴面包树）、金合欢树、纺锤树、瓶子树等。

P146～147：旱季刚过，塞伦盖蒂草原还未返青，一群非洲象队列整齐地奔向水源地饮水。这是斑马和角马等动物开始迁徙的季节，它们要从草原南方的塞伦盖蒂向北方的马赛马拉进发，大群的食草动物聚集在水源地附近饮水进食，为长途跋涉做最后的准备。

刚果盆地热带雨林

大地上的绿色地毯

The Rainforests of the Congo Basin

如果乘飞机前往刚果（金）和刚果（布）等非洲国家，当飞临赤道地区上空时往下俯瞰，但见机翼下层林叠翠，绿波涌动，大地像铺上了巨大的绿色地毯，其间一条白练在绿浪中摆动，这就是流淌在刚果盆地中的世界第二大河——刚果河。

刚果盆地拥有仅次于亚马孙盆地的世界第二大热带雨林，被誉为“地球第二巨肺”。刚果盆地热带雨林一半以上的面积位于刚果（金）境内，其他部分在刚果（布）、加蓬和喀麦隆（南部）等国家。雨林中蕴藏着极其丰富的物种，是地球上最大的物种基因库之一。特别是刚果（金），国土面积的54%被森林覆盖，其东部有三大自然保护区被列入“世界自然遗产名录”。

跟随非洲向导深入刚果盆地热带雨林探秘，将是一次充满神奇、惊险、刺激的挑战之旅。走在厚厚的枯枝落叶铺就的地面上，发出咯吱咯吱的声音，听着林中此起彼伏的鸟鸣，让人感觉十分惬意。突然一根碗口粗的碧绿“青藤”挡住去路，你正想伸手拨开时，向导会大声喝止。定睛一看，竟是一条青蛇悬挂枝头，顿时吓得魂飞魄散，那种轻松浪漫的情趣此时已荡然无存。此时的你会变得小心翼翼，步步惊心！幸好雨林中不会突然蹿出狮豹猛兽。这里是猿猴类动物大猩猩和黑猩猩的家园，它们一般栖息在人迹罕至的丛林深处，不会主动攻击人类，一见有人群进入林中，早就逃之夭夭了，还真不容易见到呢。狒狒和猴子却不怕人，在树梢上蹦来跳去，叽叽喳喳地叫唤着，你不必太在意。真正要防备的倒是地面灌草丛中潜伏的巨蟒、毒蛇、巨蜥、毒蝎和毒蜂之类。尽管林中又热又闷，你还得将头和手足裹得严严实实，并且要带上蛇药。雨林深处属于高温高湿环境，瘴气逼人，不宜久留。

热带雨林的特征之一是树木种类极其丰富繁杂，植物地

P148上左：图为喀麦隆南部的刚果热带雨林。热带雨林林木茂盛郁闭，树种繁多，结构复杂。乔木分2～3层，木质藤本植物缠绕层间，高大乔木基部板根发达，这些都是热带雨林的主要特征。

P148上右：刚果（布）北部是刚果雨林中心地带，这里是灵长类动物，如大猩猩、黑猩猩的家园。

P148～149：从空中鸟瞰刚果（布）的热带雨林，只见刚果河像一条白练在万顷绿波中蜿蜒摆动，令人心旷神怡。

理学者曾在这里做过实地样方调查，在4 000平方米的范围内，胸径10厘米以上的乔木就达40～100种，其他纵横交错的植物更是无法统计了。但仔细观察，这些繁杂的植物在空间分配上却是各得其所。一棵棵高大的树木为了争夺阳光，都拼命向上生长，树干粗直犹如圆柱，在近树梢处才有分枝，浅色树皮薄而光滑。花果普遍生在无叶的树干或老枝上。而林中繁茂的藤本植物攀缘于树木间，称为层间植物。桑科的榕属植物更是盘根错节、气根倒垂，使林间结构越发复杂。这种由板根、老茎生花、层间藤本植物，以及寄生、附生植物等共同构成的景象是典型的热带雨林景观。

刚果盆地热带雨林中的动物不如植物那么丰富多样。生活在上层树冠的哺乳动物，如大猩猩、黑猩猩、长臂猿、狒狒和猴类等动物是林中的主人，不停地在树冠与地面上搜寻食物。大型哺乳动物并不多，只有象、犀牛和鹿等。地面以蟒、蛇等爬行类动物居多。昆虫类更为丰富，是清除枯枝落叶的清洁工。雨林中鸟类和蝙蝠不仅捕食昆虫，还为茎花传粉、附生植物传播作媒介。河溪湖沼中出没着鳄鱼、河马以及各种奇形怪状的蛙类、鱼类。有一种电鲶鱼很奇特，会放电

P150～151：维龙加山脉峰峦起伏，绵延在刚果(金)与卢旺达边境。山麓地带森林茂密，郁郁葱葱，是大猩猩、黑猩猩的重要栖息地。

攻击或自卫。热带雨林是全球最丰富的生物基因宝库，至今仍有许多动植物还没有被人认识。

以雨林为家的不仅是这些生物，还有人类。在刚果盆地西北，喀麦隆东南部境内人迹罕至的雨林深处，生活着一群俾格米矮人，平均身高不到1.5米。这些俾格米人至今仍过着树栖生活，以采集野果和狩猎为生，与世隔绝，保持着原始社会的群居生活方式。喀麦隆地方政府曾替他们建村盖房，引导他们走出丛林，过正常人生活。可是他们不习惯现代人的"正常生活"，不久又返回丛林，那里才是俾格米人的家园。

热带雨林是大自然赐予人类的宝贵财富。刚果盆地热带雨林森林资源极为丰富，不仅盛产桃花心木、奥堪米榄、乌木、灰木、花梨木、黄漆木等20多种贵重木材，还是"世界上最大的药房"，大量天然"成药"均能在热带雨林中找到。热带雨林不但是生物基因宝库，还是净化空气的天然氧吧，防风防沙的屏障，具有调节气候、涵养水源、减灾防灾、保持水土等综合效能。特别是在全球气候变暖、二氧化碳排放和温室效应加剧的形势下，保护热带雨林刻不容缓。

P152上左： 霍加狓是一种大型哺乳动物，它的后部有黑白交替的斑纹，看起来与斑马类似，但它与斑马并非近亲，而是属于长颈鹿科的一种偶蹄动物，主要分布在刚果民主共和国东北部的热带雨林。

P152上右： 刚果热带雨林森林茂密，阴森郁闭，是树栖动物的家园。丛林深处栖息着大猩猩、黑猩猩等各种猿猴类，也可见大象、河马等动物。

P152～153： 俾格米人至今仍过着与世隔绝的原始生活。热带丛林是俾格米部族的天堂，他们拒绝迁出丛林，融入现代社会生活。图为热带雨林深处的俾格米人简陋的茅舍。

P153上： 热带雨林里罕见凶猛野兽，猩猩和猴子一般不会主动攻击人类。最危险的是毒蛇、毒蝎、毒蜂、巨蟒、巨蜥等动物，令人防不胜防。图为栖息在雨林河溪和湖畔的水眼镜蛇，其牙有剧毒。

P153下： 刚果热带雨林里森林覆盖郁闭度很大，阳光难以射入，林内阴森黑暗，林下主要是喜阴湿植物。从图中可见，树蕨和湿生性花卉是林中主要的附生植物。

The Great Rift Valley | 东非大裂谷

地球的“伤疤”

P155上左：东非大裂谷带火山林立，图为坦桑尼亚裂谷带的一座活火山喷发的情景，火红炽热的熔岩流从火山口奔流而出。

P155上右：位于刚果民主共和国东北边境的尼拉贡火山，地处裂谷带，属于维龙加山火山群的一员，是非洲最危险的活火山之一。主火山口深250米，直径2 000米，拥有世上罕见的熔岩湖。

P154～155：被誉为“非洲七大奇迹”之一的恩戈罗恩戈罗火山口在傍晚晖光下悠闲宁静，火山口内，玛加迪湖清晰倒映着天边云影。据估计，这座巨大的火山在约300万年前剧烈喷发，而后塌陷，留下如今这个面积广大的破火山口。火山口底部260平方千米的平阔草场终年气候温和，水草丰美，以至于食草动物不迁徙，食肉动物慵懒肥硕，二者能够和谐相处。

在卫星照片上，一条深深的裂痕几乎纵贯整个东非大陆，这就是东非大裂谷，是陆地上最大的断裂带，素有“地球的伤疤”之称。东非大裂谷长度大约相当于地球周长的1/6，高山伴着深谷，气势宏伟，景色壮观，古往今来不知吸引了多少人。

那么，东非大裂谷是怎样形成的，未来还会继续断裂吗？东非会因此从非洲大陆分裂开来，像马达加斯加岛那样吗？这一个个谜团令中外科学家神往，而有关东非大裂谷的各项考察活动也成为人们关注的焦点。

科学家发现，大约3 000万年以前，非洲东部正好处于地幔物质上升流动强烈的地带，地下熔岩不断向上涌动时，产生巨大的张力，使地壳脆弱部分张裂和断陷而成为裂谷带。张裂的平均速度为每年2～4厘米，这一作用至今一直在持续。抬升运动不断地进行，地壳的断裂不断产生。高原上火山高耸，峰峦起伏，而断裂下陷地带则成为大裂谷的谷底，裂谷两侧则是悬崖绝壁。在裂谷断层的深处形成众多的湖泊，整个裂谷湖光山色交相辉映，荡人心魄。

东非大裂谷是地球上最长的裂谷带。跨越赤道南北，总长6 000余千米，北起西亚的古尔谷地，出亚喀巴湾入红海，穿过厄立特里亚，尔后由东北向西南纵贯埃塞俄比亚高原中部，抵达埃塞俄比亚南端的阿巴亚湖后，大裂谷分成东西两支继续向南延伸。东支裂谷为主裂谷，经肯尼亚北端的图尔卡纳湖向南纵贯肯尼亚高地，经过坦桑尼亚的马尼亚拉湖向西南延伸至马拉维湖。西支裂谷出阿巴亚湖后呈弧形弯曲，先后经艾伯特湖、爱德华湖、基伍湖、坦噶尼喀湖、鲁夸湖与马拉维湖相连。至此，大裂谷的东西两支又重归一处，并继续向南延伸，经希雷河入赞比亚的赞比西河，最后没入莫桑比克的赞比西河河口。

东非大裂谷是地球上最宽的大裂谷。在传统意义上，人

们都以为裂谷是很狭长的峡谷，实际上东非大裂谷并不是人们想象的那么狭窄。它的宽度从几十千米到一两百千米，所以它是非常大的宽谷。当你驱车下到裂谷谷底的时候，根本感觉不到是在裂谷底部，反觉得是在一个很开阔的平原或者高原上行驶。这正是“不识庐山真面目，只缘身在此山中”。

东非裂谷带地形复杂，千姿百态。有的高峰矗立、有的峡谷含幽，而耸立于两侧的火山更是多姿多彩，有千百年不曾活动的死火山、最为著名的非洲最高峰——坦桑尼亚的乞力马扎罗山，也有21世纪还喷发过的活火山，其中最为壮观的活火山应数位于基伍湖以北的尼拉贡戈火山。这座火山海拔3 470米，火山上空终年笼罩着浓烟，方圆几十千米都可闻到刺鼻的硫黄气味。火山口里有一个充满高温熔岩的岩浆湖，时而热浪翻滚、火光冲天，时而雷声大作、响彻云霄，在这里能充分感受到来自地球内部的巨大力量。著名的伦盖火山（Ol Doinyo Lengai）是坦桑尼亚北部的活火山，高2 878米，是世界上唯一喷发碳酸钠熔岩的活火山。

东非大裂谷几乎穿越了东部非洲所有的国家，尤以北段埃塞俄比亚境内最长也最壮观。其中一些裂谷段高山深谷，高差达2 000米，两侧绝壁危岩陡峭，气象万千。南端东支肯尼亚、坦桑尼亚境内火山峰峦入云，湖光山色相映，谷底热带稀树草原景观别有特色。肯尼亚的马萨伊-马拉国家公园和坦桑尼亚的塞伦盖蒂国家公园的野生动物迁徙更是闻名遐迩。西支是著名的东非大湖区，众多的湖泊如同东非高原上的一串弧形明珠，熠熠生辉。

东非大裂谷既然由断裂形成，那么它还会一直断裂下去吗？科学家们推测，地壳活动频繁的东非大裂谷会开裂的越来越大，最终将彻底撕裂开。它的东侧会同非洲大陆分道扬镳，成为世界上的第八大洲——东非洲大陆。不过，这个过程还需要千百万年甚至更长的时间。

东非大裂谷还有一个令人关注的焦点：考古学家证明，这里是人类文明最古老的发源地。20世纪50年代末期，在东非大裂谷东支的西侧、坦桑尼亚北部的奥杜瓦伊峡谷，发现了一具有史前人特征的头骨化石，经测定，生存年代距今有200万年以上，并将其命名为“南方古猿包氏种”。1972年，在裂谷北段的图尔卡纳湖畔，又发掘出一具290万年前的头骨，认为是已经完成从猿到人过渡阶段的典型的“能人”。1975年，又在坦桑尼亚与肯尼亚交界处的裂谷地带，发现距今350万年的“能人”遗骨和一串延续22米长的“能人”足印。说明，早在350万年以前，大裂谷地区已经出现能够直立行走的人，属于人类最早的成员。根据东非大裂谷地区的一系列考古发现，世界多数学者认为人类最早起源于非洲。东非大裂谷产生后，地理环境发生了剧烈变化，从而推进了生物进化的过程，人类的出现也成为可能。尼罗河与地中海优越的地理环境，也使古人类从非洲走向世界各地成为可能。

P156～157上：奥杜威峡谷位于坦桑尼亚北部，峡谷中有众多展现早期能人生活和族群发展的遗迹，对于理解人类演化至关重要，被称为“人类的摇篮”。

P156～157下：纳库鲁湖国家公园位于肯尼亚西南部，是为保护禽鸟专门建立的国家公园。湖中藻类和浮游生物丰富，是火烈鸟的天堂。与之相伴的还有滨鹬、矶鹬、翠鸟、欧椋鸟和太阳鸟等。

P158上：比苏奇火山是东非大裂谷维龙加山火山群中的一座死火山，位于卢旺达与刚果（金）接壤边境，邻近基伍湖。主峰在卢旺达境内，海拔3 711米，云雾笼罩，但无积雪。这里有维龙加山最大的火口湖。

P158下：东非大裂谷穿越肯尼亚段的高山深谷景观。

P158～159上：东非大裂谷并非处处都是悬崖陡壁，峡谷幽深。有些地段呈现为宽广的谷地，宽度达几十千米到一两百千米，不禁给人以平原的感觉。

P158～159下：肯尼亚博格利亚湖地处裂谷地带，也是咸水湖，在纳库鲁湖正北130千米处。湖中蓝绿藻和硅藻非常茂盛，常年吸引成千上万只火烈鸟飞来湖区栖息，不计其数的火烈鸟几乎覆盖了湖面，把这儿渲染成一片玫瑰红色。

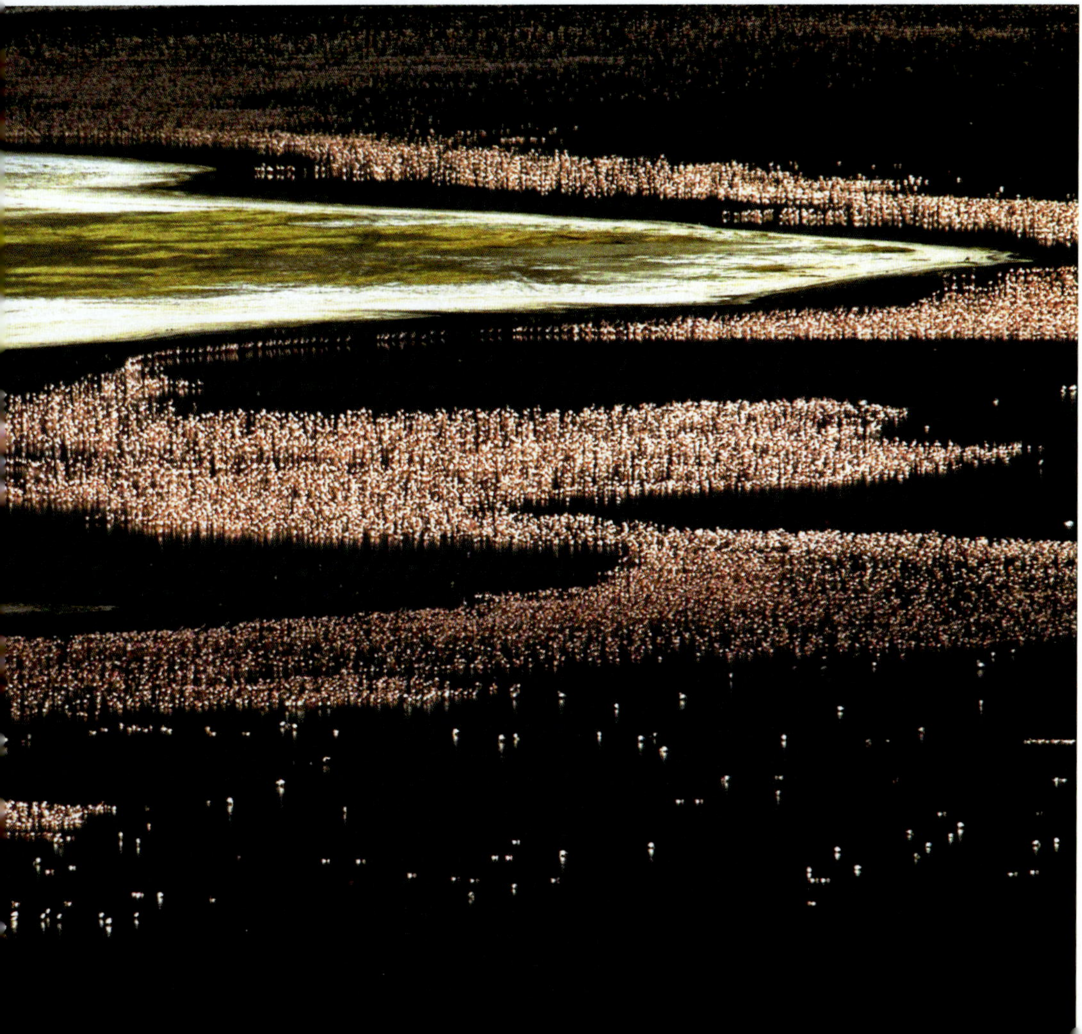

Mount Kilimanjaro 乞力马扎罗山

赤道上的雪峰

P161上左：远眺耸立在赤道上的乞力马扎罗山雪峰，倩影迷人，野象悠闲地在安伯塞利国家公园里漫步。

P161上右：乞力马扎罗山是一座休眠火山。图为顶峰南侧的火山口，不时有青烟从火山口袅袅升起。

P160～161：从空中鸟瞰赤道雪峰，围绕在乞力马扎罗山峰顶的云雾如轻纱般缥缥缈缈，犹如仙山琼阁。

在火热的赤道边耸立着一座神奇的山峰，只见它山体葱绿，既有茂密的热带森林，也有香蕉和咖啡种植园……呈现出一片热带风光。然而在高耸入云的山顶上却是白雪皑皑，终年被冰雪覆盖。远望雪峰，在赤道骄阳的照耀下，光芒四射，是世上难得一见的赤道雪峰奇观。这就是非洲第一高峰——乞力马扎罗山。根据它头戴冰帽的特点，人们赋予它“闪闪发光的山”“明亮美丽的山”等美誉。其实，乞力马扎罗按斯瓦希里语的意思是“寒冷之神居住的孤山”，可简称“寒神山”。

乞力马扎罗山位于赤道与南纬3°之间，在坦桑尼亚东北部，邻近肯尼亚边境，是非洲最高的山峰，素有“非洲屋脊”或“非洲之王”“火盆里的白雪公主”等头衔。乞力马扎罗山是非洲大陆最具代表性的地貌景观，该山的主体沿东西向延伸将近80千米，主要由基博（Kibo）、马温西（Mawensi）和希拉（Shira）三座休眠火山构成，面积756平方千米。三座高耸的山峰中，以基博峰最为著名。基博山的最高部分是整个山体的主峰，又称乌呼鲁峰（斯瓦希里语，意为“自由峰”），海拔5 895米，为非洲之巅。山体呈标准的火山锥型，向四周和缓地倾斜下降。山麓平原海拔900米。基博峰山顶终年积雪，火山口在顶峰南侧，保存完好，直径2 400米，深200余米。火山口内壁是晶莹的冰层，底部耸立着巨大的冰柱，从飞机上往下鸟瞰，如同一个硕大的玉盆。盆底下面还有缕缕青烟冒出，火山喷气孔还不时地释放出火山气体。火山口内常年积冰，从西侧流出一条冰川。科学家在2003年的一次考察证实，火山熔岩距离顶峰的火山口地表仅400米，但目前尚没有喷发的迹象。非洲的历史上没有乞力马扎罗火山喷发的记载，据研究，最近的一次大喷发可能发生在15万～20万年前。

乞力马扎罗山从辽阔的东非热带草原上拔地而起，高耸

P162：坦桑尼亚乞力马扎罗山位于赤道与南纬3°之间，是非洲最高峰。山麓一片热带稀树草原风光，山峰却高耸云端，终年白雪皑皑，为世所罕见的赤道雪峰奇观，雪峰顶部的火山口清晰可见。

P162～163：由于全球气候变暖，乞力马扎罗山顶部的冰雪融化，冰川退缩非常严重，令人十分忧虑。

云端，气势磅礴，是世界上最高的孤立山峰之一。尽管赤道地带太阳终年直射，气候异常炎热，山峰却能终年被冰雪覆盖，确实令人不可思议。公元2世纪时，希腊地理学家托勒密曾在地图上标出位于赤道附近的这一雪峰，但后人却武断地斥之“天方夜谭”，认为在赤道附近不可能有什么雪山存在，于是把它从地图上抹掉了。直到150年前，现代地理科学才破解了赤道雪峰之谜。科学测定，海拔每上升100米，气温平均下降0.6℃。乞力马扎罗山海拔高达5 895米，山体上下温度反差巨大，山麓常年酷热异常，气温最高可达59℃，但在峰顶，气温却常在－30℃以下，终年冰雪覆盖，远看犹如戴了一顶白帽，俨然是一座“白头山”。

由于上下温度的不同，山坡上的植被有着明显的垂直地带性。攀登乞力马扎罗山不仅仅是为了登高望远，还能感受气候地带性的变化。从山麓沿坡登顶，就像是一次从热带到极地的漫游，可以欣赏到从赤道雨林气候到寒带冰原气候的多种自然景观。乞力马扎罗山受印度洋暖湿季风的影响，降水十分充沛。降水和气

温条件相结合，使乞力马扎罗山从上到下形成迥然不同的山地垂直植被带。从海拔1 000米以下的热带雨林带，到亚热带常绿阔叶林带、温带森林带、高山草甸带、高山寒漠带，直至海拔5 200米以上的冰雪地带。乞力马扎罗山提供了一个十分完整的赤道地区的山地植被垂直带谱，是研究世界植被景观难得的“天然大课堂”。

为了保护山区自然植被，1967年，坦桑尼亚政府将乞力马扎罗山自森林线以上的全部区域划为国家公园，包括穿过森林带的6个走廊地带。1987年，乞力马扎罗国家公园入选联合国教科文组织的“世界自然遗产名录”。

由于全球气候变暖和环境恶化，乞力马扎罗山顶的积雪融化、冰川退缩非常严重。据有关研究报告，在过去一百年间，乞力马扎罗山的冰川体积缩减了4/5左右，仅仅在近20年间，就缩减了1/3。乞力马扎罗山的冰盖会不会随着全球气候变暖而消失呢？这的确令人担忧。

The Masai-Mara National Reserve

马萨伊-马拉草原

壮观的动物大迁徙

P165上：东非大草原上的野生动物高角羚（拉丁学名 Aepyceros melampus）。非洲羚羊的一种，中等体型，数量约200万只，主要分布在东非和南非。雄性有角，先向后弯，再向上高高翘起，十分美观。

P164～165：肯尼亚马萨伊-马拉大草原，茫茫苍苍，无边无际。图为草原上干季末期景色。随着雨季的来临，草原复苏，重新换上绿装，迎接百万迁徙大军回归马萨伊-马拉。

每年的六七月间，这片草地马萨伊-马拉草原的雨季已经来临，新萌发的嫩草肥美爽口。这片草场吸引着一支大约由130万匹角马、20万匹斑马和6万只瞪羚组成的庞大队伍，从坦桑尼亚塞伦盖蒂草原出发，向北越过边境，进入肯尼亚马萨伊-马拉（Masai-Mara）草原。动物们长途跋涉800多千米，成为东非高原最壮观的动物大迁徙。

迁徙大军浩浩荡荡，绵延一万多米。沿途不断遭遇狮子、非洲豹和鬣狗的追杀。尽管强壮的雄性角马奋力抵抗，护卫雌性和幼驹，还是免不了“损兵折将”。令人惊讶的是，这支千军万马的队伍，似乎没有头领和编队，却整齐划一，“纪律”严明；没有军师参谋，却很有计谋。马拉河是进入马萨伊-马拉草原必须穿越的天然障碍。此时雨季刚开始，河水虽有些上涨，但还不太深，水流也不湍急，马群渡河并没有太大的困难。然而，马群在河畔却突然停了下来，因为它们知道水中的天敌尼罗鳄，早已在此“守河待马”，等候多时了。历年渡河血的教训，使马群变得聪明起来。一小群数十头角马，离群奔向河流上游，三五一组强行渡河，鳄鱼群也随之赶去截杀。鳄鱼利齿咬住角马，拖入河中，血染河水，极为悲壮。此时，马群大部队乘机掉头奔向下游，迅速强渡，登上彼岸，脱离险境。先头部队用自我牺牲的“调虎离山计”保住大部队的安全，真是令人感叹！安全进入马萨伊-马拉草原的马群，可以一直安居到11月，之后又要追逐草场，原路返回塞伦盖蒂草原，在那里产驹、繁衍，世世代代，周而复始，生生不息……这些生灵踏着季节的脉搏往返奔波，形成了当今地球上罕见的野生动物大迁徙的壮观景象。

马萨伊-马拉国家公园位于肯尼亚西南部，实际上与坦桑尼亚塞伦盖蒂国家公园连成一片，属于同一热带稀树草原景观地带，统称为“塞伦盖蒂—马萨伊-马拉生态系统”。

P166上左：东非动物大迁徙中的角马群，密密麻麻，浩浩荡荡。迁徙大军中角马数量有130万匹之多，还有数十万斑马和瞪羚相伴而行。

P166～167上：东非动物大迁徙中的杀戮场面，极其血腥残忍。角马、斑马和羚羊群迁徙途中，刚刚逃脱了陆地上狮、豹、鬣狗的追杀，强渡马拉河时又要遭遇河中尼罗鳄的凶猛袭击。

“马萨伊–马拉”得名于当地部族马萨伊人和马拉河。在肯尼亚众多的野生动物保护区中，马萨伊–马拉国家公园可以称得上是“园中之冠”，面积约1 500平方千米。这里地形平坦，略有起伏。气候属于半湿润半干旱型的热带稀树草原气候（即萨瓦纳气候）。全年阳光充沛，干湿季节交替，11月为小雨季，3～5月为大雨季，其余为旱季。其中12月至次年3月为热季，平均气温28～32℃；7～9月为凉季。因地处东非高原，海拔较高，所以热季并不太炎热。良好的自然条件，丰富的牧草，为野生草食动物提供了理想的家园，构建了草食动物与肉食动物的食物链。

马萨伊–马拉国家公园是非洲乃至全球最著名的动物保护区之一，拥有庞大的野生动物群，包括80多种哺乳动物和500多种鸟类。其中狮子、大象、犀牛、非洲野牛和非洲豹号称该公园的“五大天王”。大型食草动物种类丰富，常见的有角马（亦称牛羚）、斑马、瞪羚、长颈鹿、非洲野牛、大象等。角马与斑马是公园里数量最多的动物，其个体数量从几十万到几百万不等。这两种动物总是相依相伴，角马吃草，斑马啃草根，常常看到小群斑马穿插在大群角马中，斑马总是排成单行等距离前进，而角马喜欢成群结队逐水草而居，稍有风吹草动就奋力奔跑。庞大的角马群奔跑时如急流澎湃，蹄声震天，是真正的万马奔腾。公园里常见的食肉动物有狮子、非洲豹、鬣狗等；爬行动物的种类繁多，除尼罗河鳄鱼外，还有各种常见的蛇类，如蟒蛇、黑颈眼镜蛇、蝰蛇等，有时还可见到豹皮龟、变色龙和蜥蜴；鸟类有硕大的鸵鸟、美丽的信使鸟、黑胸短趾雕等。当食草动物大迁徙时，常见一些猛禽如秃鹫、白兀鹫等在天空中相随，等待掠食狮、豹啃食剩下的动物尸体。

公园内由于限制人类活动，使自然界的食物链和生态平衡得到良好的保护，因此这里堪称世上最为珍奇的“动物天堂”和“动物博物馆”。

马萨伊–马拉国家公园早已闻名遐迩，特别是声势浩大的动物大迁徙吸引了世界各地的游客、摄影师、影视拍摄者、探险猎奇者，他们纷纷前来，为了一睹自然界如此庞大、壮观的迁徙场景。

P166～167下：茫茫大草原上的百万角马、斑马迁徙大军，首尾相连，绵延10多千米。为了追逐水草，这些动物进行一年一度、单程800多千米的往返长征，极为艰险而悲壮。

The Victoria Falls 维多利亚瀑布

梦幻般的仙境

P169：维多利亚瀑布是世界最著名的三大瀑布之一，从上空鸟瞰瀑布，只见水花飞溅，雨雾弥漫，声势浩大。

遥远的非洲有一个大瀑布，传说在它的深潭下面，每天都有一群如花似玉的姑娘，日夜不停地敲着非洲的金鼓，金鼓发出的咚咚声，变成了瀑布震天的轰鸣；姑娘们五彩衣裳的光芒被瀑布反射到天上，让太阳映成美丽的七色彩虹；她们舞蹈溅起的千姿百态的水花，化为漫天的云雾，呈现出梦幻般的仙境。

1855年11月，英国探险家戴维·利文斯通（David Livingstone）来到这里时，曾这样写道："在英国没有这样美丽的景象，没有人能够想象出它的美景。从来就没有一个欧洲人看到过它，只有天使在飞过这里时才能目睹这么漂亮的景象。"他认为如此壮观的瀑布，只能以英国女王维多利亚的名字命名才配得上。因此，这个大瀑布就被称为维多利亚瀑布。然而，当地的非洲人更乐意亲切地称它为莫西奥图尼亚瀑布，意思是"声若雷鸣的水雾"。因此，该瀑布在1989年被联合国教科文组织列入"世界自然遗产名录"时同时采用了这两个名字："莫西奥图尼亚/维多利亚瀑布"（这里采用了人们熟悉的称呼）。

瀑布位于赞比西河中游。赞比西河发源于赞比亚西北部海拔1 300米的山地，潜藏于一片茂密的山林中，流经安哥拉、纳米比亚、博茨瓦纳、津巴布韦、赞比亚和莫桑比克等国，注入印度洋莫桑比克海峡，全长2 660千米。当河流从源头流至1 200千米左右，到达赞比亚与津巴布韦边境时，平静的河水突然从坚硬的玄武岩陡崖上直泻而下，形成总宽度1 800米、落差128米的大瀑布，犹如一道宏伟的幕墙，展现出"飞流直下三千尺，疑是银河落九天"的壮观场景！

当万顷银涛从天而降，直落深渊时，咆哮的急流撞击凸出的山岩，水流冲击着谷底的岩床，发出雷鸣般的响声，激起的水花和雨雾直冲云天，高度可达300多米，如柱状烟云，远在四五万米以外都能看见。晴天艳阳射入水雾，一弯七色彩虹便高悬瀑布上空，形成一幅美轮美奂的神奇画面。有时在寂静的夜晚，月光也会在水雾中映出光彩夺目的"月虹"，是难得一见的迷人景色。雨天则一切都笼罩在水雾之中，朦胧缥缈，如入仙境……

维多利亚瀑布准确来说是一个瀑布群，宽达1 800米的瀑布被几个岩岛分开，形成魔鬼瀑布、主瀑布、马蹄瀑布、彩虹瀑布及东瀑布等共同组成的大瀑布群。

位于最西边的是魔鬼瀑布，气势最为磅礴，有排山倒海之势；往东是主瀑布，落差93米，流量也最大；再往东是马蹄瀑布，因被岩石阻挡成马蹄状而得名；最为柔美的瀑布要数彩虹瀑布了，它位于马蹄瀑布的东边，空气中薄雾弥漫，水滴在阳

P170和P170～171：河流流至悬崖前的河道十分宽阔，水流平稳。当河水流到赞比亚与津巴布韦边境附近，遇到东非大裂谷断裂带，赞比西河被拦腰切断。数万立方米的河水越过坚硬的玄武岩陡崖，咆哮而下，激起的水花和雨雾直冲云天。

光的折射下常常呈现出美丽的彩虹，彩虹经常在飞溅的水花中闪烁，并且能上升到300多米的高度，在很远的地方都能看到，特别是在月色明亮的晚上，水气形成奇异的月虹；东瀑布是最东的一段，旱季时就是一段陡崖峭壁，只有在雨季才能出现素练般的瀑布。维多利亚瀑布的水流量随季节而变，雨季的最大流量与旱季的最低流量相差近23倍。

维多利亚瀑布以它的形状、规模及声音而闻名于世，堪称人间奇观，而附近的“雨林”又为瀑布这一壮景增添了几分姿色。雨林是瀑布对面峭壁上的一片长年青

葱的树林，它靠瀑布水气形成的潮湿小气候长得十分茂盛，成为这里的一大景点。

维多利亚瀑布是维多利亚国家公园的一部分，为赞比亚和津巴布韦两国共有。国家公园中栖息着众多野生动物，包括象、非洲野牛和长颈鹿等，沿河走廊的林中活跃着狒狒和猴群，河中有河马和鳄鱼出没。

为方便游客欣赏瀑布全景，当地建立了一座观景台，游人可尽情地欣赏瀑布雪浪翻滚、湍流怒涌、万雷轰鸣的场景。

马达加斯加岛 Madagascar

奇妙的“小大陆”

在非洲东海岸洋面上，马达加斯加岛如一艘巨舰抛锚在印度洋上，面积近60万平方千米，相当于我国台湾岛的16.7倍，仅次于格陵兰、新几内亚和加里曼丹岛，为世界第四大岛，也是世界上最大的以岛命名的国家。

这是一座充满谜团的神奇岛屿。早在1.65亿年前，马达加斯加岛曾与非洲大陆相连，大约在3 000万年以前，东非发生了剧烈的地壳运动，形成了东非大裂谷，红海将阿拉伯半岛与非洲大陆分隔开来，与此同时，马达加斯加从非洲大陆漂流出去，成为非洲第一大岛。在莫桑比克暖流和马达加斯加暖流的环抱下，形成了一个独立的奇妙世界，被誉为“小大陆”。岛上原住民的先祖与非洲大陆不同，竟然来自遥远的东南亚的加里曼丹岛，因此有人称马达加斯加为“东南亚的表亲”。隔着万里波涛的印度洋，加里曼丹岛的人们在数千年前是如何远渡重洋到达此岛的？实在是不可思议。马达加斯加人占全国人口的90%以上，民族语言为马达加斯加语，属马来–波利尼西亚语系。

马达加斯加岛由火山岩构成。中部为海拔800～1 500米的中央高原，北部马鲁穆库特鲁山海拔2 876米，为全国最高点。东部有高峻的大断崖，海岸平直陡峭，西部为和缓倾斜的平原。东南沿海属热带雨林气候，终年湿热，季节变化不明显；中部为热带高原气候，温和凉爽；西部为热带草原气候，干湿季节交替，干旱少雨。

马达加斯加岛拥有世界上最独特的生态系统和丰富的动植物种类，有许多世界上其他地区见不到的珍稀物种，素有“动物的天堂”“生物的王国”之称。这里拥有全球5%的动植物种类，其中80%为岛上独有。仅植物就有13 000余种，大部分也是特有品种。全球有2/3的变色龙都是在此岛发现的，有一种变色龙，只有人的指甲那么大，真是千奇百怪。岛上蛙类也是五颜六色，奇形怪状，种类多达370多种，99%

P172上左：马达加斯加岛热带稀树草原景观。其植物群落外貌和特征与非洲大陆的热带稀树草原大同小异，但是植物区系与树木品种有很大的差异。

P172上右：马达加斯加高原上的间歇喷泉在喷涌中形成的泉华沉积，形态不一，景观迷人。

P172～173：马达加斯加岛中央高原鸟瞰图：由火山岩构成的山岭峰峦起伏，崎岖坎坷；河流切穿山岩，蜿蜒流动，展示着高原的别样景观。

P174：马达加斯加贝马拉哈国家公园石林里栖息着大量狐猴，有十多个物种，是观赏狐猴的最佳地点，如同狐猴野生动物公园。

P175：马达加斯加贝马拉哈国家公园中，岩溶地貌发育十分成熟，既有嶙峋怪石，又有尖峰突兀的石林，形成独特的生态环境。

为当地特有品种，其中小丑曼蛙只见于中部高原，已濒临绝种。

然而，十分有趣而又令人费解的是，一方面马达加斯加岛拥有如此丰富的特有动植物物种，另一方面，隔海相望的非洲大陆那些常见的动植物物种，在岛上反而见不到。难道一条400千米宽的莫桑比克海峡竟然成为一道不可逾越的物种隔离的鸿沟吗？马达加斯加岛上没有非洲大陆常见的斑马、角马、野牛、羚羊、长颈鹿等食草类动物，也没有狮、豹等食肉类猛兽，更不见大象、河马这类陆地和水中的“巨无霸”……岛上最大的野兽是马岛獴，又名隐肛狸、长尾灵猫，只能算是小型食肉动物。马岛獴是一种极其罕见的哺乳动物，仅分布于马达加斯加一地，其外貌活像“迷你版”的美洲狮，嘴部似狗，矮壮结实，体重约5.5～8.6千克，尽管它们体重不轻，但是仍然能够像松鼠一样在树间跳跃。目前，马达加斯加岛85%的森林已遭开发，生态环境受到破坏，马岛獴的总数下降到2 500只，处于濒危状态。

马达加斯加岛是个令人着迷的地方，岛上虽然没有非洲大陆常见的大猩猩、狒狒和各种猴子，却有一种十分珍稀的灵长类动物——狐猴，它们是拥有回声定位能力的哺乳动物。马达加斯加是狐猴的最后避难所，这种长有一双美丽大眼睛的灵长类动物，在地球上其他地方已经完全消失。马岛的狐猴多达50余种，主要有五大珍稀种群：斑狐猴、褐狐猴、红领狐猴、节尾狐猴和红领褐狐猴，有的毛色美丽，有的体型娇小，却都长着一双闪闪发光的眼睛，十分可爱。观赏狐猴最佳之处是马达加斯加岛东部的一处名叫欣吉的石林地区。这片由石灰岩形成的石林如迷宫一般，地形陡峭，怪石嶙峋，溶洞遍布，栖息着大量狐猴。人们在亲近狐猴的同时，还可以欣赏石林景观。在马达加斯加岛流传着一个美好的民

间传说：所有能看到狐猴的人，都会一生好运。

马达加斯加岛的植物家族同样五彩缤纷、丰富多样，其中最值得一提的是猴面包树。猴面包树是波巴布树的俗称，是热带稀树草原地带的典型植物，在非洲大陆广泛分布。但是马达加斯加岛的猴面包树与非洲大陆的品种不同，其形态特征完全不一样。非洲大陆的猴面包树不高，树干中等粗细，树冠呈伞状，大如华盖；马岛的猴面包树虽然高仅20米左右，但胸径却有15米以上，要十几个成年人手拉手

P176～177：马达加斯加岛上的猴面包树（波巴布树），其形态特征与近邻非洲的猴面包树很不相同，属于不同的品种。

P176下左：马达加斯加岛虽与非洲一峡之隔，却具有特殊的生态系统。这里的变色龙品种非常多，全球2/3的变色龙在此均有发现。图为两只变色龙在争斗中。

P176下右：一种色彩鲜艳的变色龙。

P177：狐猴是马达加斯加岛特有的灵长类动物，属于珍稀和濒危动物。这里是狐猴最后的避难所，地球上其他地方的狐猴已经完全消失了。图为小狐猴趴在母狐猴的背上，十分可爱。

才能合抱。枝叶聚生顶端，树冠直径可达50米以上。由于树干粗壮的活像个大胖子，当地居民又称它为“大胖子树”“树中之象”。关于这种奇特的长相，有一个古老的传说：波巴布树在非洲“安家落户”时，不听“上帝”的安排，自己选择了热带草原，因而激怒了“上帝”，便被连根拔起，从此波巴布树就倒立在地上，变成了一种奇特的“倒栽树”。其实，这种怪模样是适应岛上气候的结果。热带草原气候终年炎热，有明显的干湿季节，干季时降雨很少。猴面包树是适者生存的强者，在雨季时，拼命地吸收水分，贮藏在肥大的树干里，像多孔的海绵，吸足了水分；而到旱季，不仅能源源不断地满足自身的需要，还成了干渴的旅行者理想的水源，解救了很多因干渴而生命垂危的旅行者，因此又被称为“生命之树”。它的果实富含淀粉，是猴子喜爱的食物，故而得名“猴面包树”。猴面包树的树干木质没有一圈圈的年轮，所以难以确定树木的年龄，据推算，马达加斯加岛现存最古老的猴面包树至少有400年以上了。

马达加斯加岛另一种特有的植物为旅人蕉，遍布全岛。在连叶柄处，藏有大量的清水，在叶柄处穿个孔，流出的清水是可以喝的，而且清凉解渴。它那扇形的庞大叶面异常美观，与猴面包树一起，以其独特的身姿，挺立在马达加斯加岛的原野上，形成一道道靓丽的独特景观，成为马达加斯加岛的名片。

大洋洲
Oceania

大洋洲的名字最具地理特色。1万多个岛屿如珍珠般散落在浩瀚的大洋中，远离他洲，长期隔绝，使它具有最原始的自然景观和独有的古老物种。这里有极其罕见的卵生哺乳动物考拉、袋鼠和袋狼等；有海洋中的“热带雨林”——大堡礁，350多种色彩缤纷的珊瑚生活在这里；还有天堂一样的海岛——塔希提岛等等，成为最迷人的地方。

塔希提岛是南太平洋上波利尼西亚群岛中最大的一个，因其秀丽的热带风光和七彩海水被称为“最接近天堂的地方”。

Great Barrier Reef

大堡礁

珊瑚礁中的极品

P181上左：珊瑚礁是由生物构建的，其“建筑师”是仅几毫米大小的珊瑚虫。澳大利亚东北岸海域非常有利于珊瑚虫的繁殖，形成了面积达479万平方千米的珊瑚海。图为珊瑚礁里的鱼群。

P181上右：大片的平盘珊瑚是鹿角珊瑚属的一种，多种多样的珊瑚组成珊瑚礁，构成大堡礁的一部分。

P180～181：从降灵诸岛上空俯瞰大堡礁海洋公园，哈迪斯礁和胡克礁似乎被一条长河分作两岸。这是一条61米深的海沟，从珊瑚礁之间穿过，形成“海中河流”的景观。

破晓时分，在地平线的远处，会出现一朵朵白色浪花，不停地为大堡礁洗面除尘。当你站在礁石上俯视时，透过清澈明净的海水可以看到各种海洋生物，尤其是珊瑚色彩各异，有桃红、粉红、淡粉红、深玫瑰红、鲜黄、蓝、绿、白色等色彩，不由得令人惊叹：大堡礁原来这么艳丽诱人！

在澳大利亚的自然景观中，大堡礁以规模宏大、色彩绚丽、成因奇特、自然物种丰富等特点而成为全球之最。世界上的珊瑚礁分布甚广，类别很多，但名列“堡礁”行列而又称“大”的，却仅此一处。澳大利亚的大堡礁既是世界上最大的堡礁，又是世界上最大的珊瑚礁，被誉为“世界七大自然奇观”之一。

大堡礁位于澳大利亚东北部的大陆架上，内侧面对昆士兰州。整体自北而南，从托雷斯海峡（南纬10°）起，直到弗雷泽岛北端的桑迪角（南纬25°，接近南回归线）止，绵延2 000多千米。北部狭窄，呈链状排列，宽16～20千米；南部散开，最宽至240千米。从北到南分布面积达35万平方千米，包括大小礁体2 900多个。从空中俯瞰，一个个岛礁宛若艳丽的花朵，在湛蓝的大海上怒放。而鲜艳的海藻又为千百个色彩不同的礁体镶嵌上灿烂的边框，使岛礁更加绚丽多彩。

大堡礁范围广阔，自然形成了三个各具特色的区域：北部区，水深一般不到30米，沿大陆架边缘分布，礁体活跃，礁身瘦长，如一堵峻峭的墙，在海浪的拍打下形成朵朵浪花；中部区，水深30～60米，受海浪和洋流的冲击以及潮汐的侵蚀，许多礁体破损或退化；南部区，最大水深60米以上，多大陆架边缘礁，礁体壮观而分散，如迷宫一般。

大堡礁是地球上由生物构建的最大建筑体，乃天然奇观。但不可思议的是，营造如此庞大“工程”的“建筑师”，竟然是最小直径以毫米计的刺胞动物——珊瑚虫。珊

P182左：大堡礁水下拍摄的色彩鲜艳的珊瑚及海底生物。

P182右：在大堡礁的降灵群岛中，大量珊瑚汇集，自然形成心形，这就是著名的浪漫美景——心形礁。心形礁位于哈迪斯礁（Hardys Reef）保护区内，游客无法前往浮潜或潜水，但可乘坐直升机从空中尽览美景，或是搭乘水上飞机，近距离观赏。

P183：从空中俯瞰，大堡礁水域随着深度的变化呈现出生动的颜色变化。

瑚虫体只能生活在水温22～28℃且水质洁净、透明度高的水域。澳大利亚东北岸外大陆架海域具备珊瑚虫繁衍生殖的理想条件。这里的水温，7月份最凉，平均也在23℃以上；1月份最热，不超过28℃。水温的垂直变化和季节变化都较小，海面比较平静。盐度在31‰左右，几乎没有陆地水注入，光线充足，故海水洁净，水深20米内清澈透明。加之受东澳暖流影响，浮游生物丰富，极有利于珊瑚虫的发育繁殖。如此好的繁殖环境，使这里形成了面积达479万平方千米的珊瑚海。

珊瑚虫以浮游生物为食，过着群体生活，分泌石灰质骨骼。老一代珊瑚虫死后留下遗骸，新一代继续发育繁衍，就像树木抽枝发芽一样，向上向四周伸展。如此年复一年，日积月累，珊瑚虫分泌的石灰质骨骼，连同藻类、贝壳等海洋生物残骸胶结在一起，堆积出一个个珊瑚礁体。珊瑚礁的建造过程十分缓慢，在最好的条件下，礁体每年增厚不过2～3厘米。有的礁岩厚度已达数百米乃至千米，可见这些“建筑师”们已在此经历了多么漫长的岁月。大堡礁约有各类珊瑚400多种，其大小、形状、颜色都极不相同：有些非常微小，有的径达2米，呈扇形、半球形、鞭形、鹿角形、树枝状或花朵状等。它们经过千秋万代的繁殖，在海底形成石灰岩质的珊瑚礁盘，露出水面的就成为珊瑚岛。

珊瑚岛到处是珊瑚和由贝壳残骸风化而成的银光闪闪的珊瑚砂，吸引着无数海鸟飞到这里，是240余种鸟类的栖息之地。随着时间的推移，慢慢堆积起来的鸟粪，形成肥沃的土壤，成为各种生物繁殖的温床。

大堡礁的海洋公园是世界上最大的海洋生物保护地，这里大约生活着1 500种鱼、4 000种软体动物、10 000种海绵和150多种棘皮动物。此外，这里有宽1.2

米、重90千克的巨蛤和以珊瑚虫为食的海星，有珊瑚虫组成的珊瑚群。这里还是儒艮、座头鲸和大绿龟等濒危动物的避难所。植物以海藻类为主，特别是构成礁冠的红藻，为千百个礁体镶嵌上边框，绚丽多彩，诱人观赏。

大堡礁除众多美丽的珊瑚岛礁外，周围还分布着许多具有热带风光的岛屿，著名的如格林（Green）岛、赫伦（Heron）岛、欣钦布鲁克（Hinchenbrook）岛、胡克（Hook）岛、帕尔姆（Palm）岛、汤森（Townshend）岛、惠森迪（Whitsunday）岛等，均为海浴和疗养胜地。其中赫伦岛最有名，虽仅0.17平方千米，却有多种珍奇动物出没其间，加之阳光充足，白沙绿水，婆娑椰林，深得游人青睐。

大堡礁既是超大型的海洋生物博物馆、奇异的水下公园，亦是人们争相前往的潜水和旅游胜地。早在1981年整个区域就被联合国教科文组织列入“世界自然遗产名录”。

P184: 大堡礁的鱼群。

P184～185: 昆士兰州近海的惠森迪群岛最大的岛屿惠森迪岛。

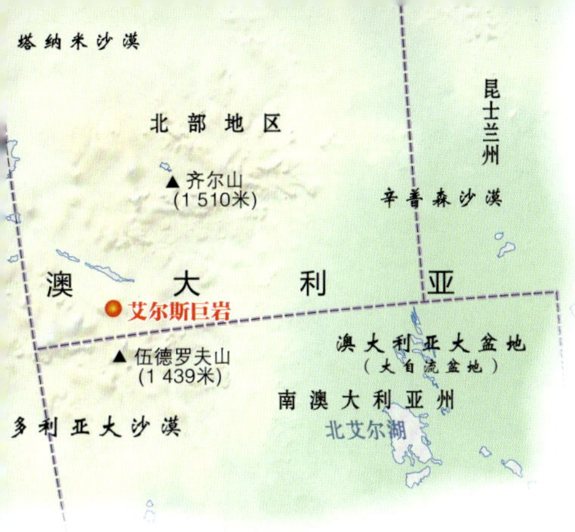

艾尔斯巨岩 Ayers Rock

地球的肚脐

有些国家常用独有的奇景名胜作为其天然地标，但以一“块”大石头作为天然标志的国家，恐怕只有澳大利亚了。其实，用“块”这个量词有些小看它了，它可不是一般意义上的大块石头，而是“盘踞”在澳大利亚近乎地理中心的艾尔斯巨岩（Ayers Rock）。有意思的是，外文中并没有“巨”的字样，而是中文翻译时加上的。而这个“巨”字丝毫没有夸大其词，因为无论从哪方面衡量，它都绝对可以称为“巨”。所以，艾尔斯巨岩还有一个非常形象的别称：地球的肚脐。

澳大利亚北部地区是澳大利亚唯一尚未称“州”的一级行政区域，艾尔斯巨岩坐落于它的南部，突兀地立于茫茫荒原上，气势雄伟，一派“舍我其谁”“唯我独尊”的气势。巨岩海拔超过460米，高出周围的马尔加平原（Mulga Plain）348米，大体呈椭圆形，长3 600米，宽2 000米，周长超过9 000米。如此庞然大物还只是它露在地表的那部分，在地面以下至少还隐藏有2/3的体积呢。即便如此，它已经被认为是全世界地面上最大的单块岩石了。英语里对这种地貌类型有一个专门术语“tor”，汉语可译为“突岩”，指一块孤立的、巨大的风化岩石。

值得一提的是，“艾尔斯”是欧洲人给它取的名字。1873年，一位来自南澳大利亚的测量员横跨这片荒漠，当他又饥又渴之际，突然发现眼前这块石山，起初还以为是一种幻觉，定睛审视后才发现是真的，惊诧之余，就以当时南澳总理亨利·艾尔斯（Henry Ayers）的姓氏为其命名，沿用至今。其实，当地原住民早就用自己的语言命名它为“乌卢鲁（Uluru）”。这个原汁原味的名字听起来音节铿锵有力、韵味十足，而且含义深长，意为“（人们）见面集会的地方”。而今广大游客为表示对当地原住民的尊重，也乐于用这个名字称呼它。

P186上左：艾尔斯岩的长石砂岩表面在不同光线下有着变化万千的色彩，在日出日落时分呈现出格外艳丽的红色。

P186上右：巨岩上刻画的具有神圣意义的符号。

P186～187：矗立在澳大利亚地理中心位置的这块巨大的石头，不仅被视为国家的标志，还有一个别名——地球的肚脐。图为艾尔斯巨岩雄姿。

P188～189：从348米高的艾尔斯巨岩顶部放眼望去，卡塔楚塔岩兀然卧在广阔平原的另一端。卡塔楚塔是乌卢鲁—卡塔楚塔国家公园的另外一组巨岩，由36块独立的岩块组成，其中最高的奥尔加山顶高出平原546米，比艾尔斯巨岩还要高。

P189：攀爬艾尔斯巨岩是一项深受游客欢迎的活动。

按某些科学家的研究，巨岩是5亿年前开始出现的远古海床沉积物。在大约3亿年前海水退去，沉积物里的砂岩局部向上隆起。从5 000万年前起，风力侵蚀作用加强了对地表岩层的“雕琢”，最终将巨岩塑造成今天的模样。

这个由长石砂岩构成的巨型岩块，不仅以它庞大的躯体震撼着人类的眼球，还有着更迷人的“特异功能”：它仿佛是大自然中一位爱美的模特，能随着早晚和天气的改变而“换穿各种颜色的新衣”。当太阳从沙漠的边际冉冉升起时，巨石披上浅红色的盛装；待到中午，又在阳光的照耀下换上橙色的外衣；夕阳西下之际，则犹如一团巨大的火焰在熊熊燃烧；一旦夜幕降临，就又匆匆着上黄褐色的“晚礼服”，风姿绰约地回归大地母亲的怀抱。

关于艾尔斯巨岩变色的缘由众说纷纭，地质学家认为，这与它的岩石成分有关，艾尔斯巨岩岩性坚硬、结构致密，岩石表层的氧化物在阳光的不同时间、不同角度照射下，会变成不同的颜色。艾尔斯巨岩又因此增添了无限的神奇，被称为“五彩独石山”。它每天周而复始地变幻着色彩，吸引着成千上万游人前来欣赏。

雨后的艾尔斯巨岩又呈现出另外一番景象：暴雨过后，石上飞瀑奔流、水汽

迷蒙，好似一位披着银色面纱的少女；向阳一面的几道若隐若现的彩虹，有如少女头上的光环，显得异样温柔多姿；雨水在岩隙里形成了许多水坑，流到地上的雨水，浇灌着周围的蓝灰檀香木、红桉树、金合欢丛以及沙漠橡树、沙丘草等植物，艾尔斯巨岩借此更显勃勃生机，一扫它那“独处”于荒原之上的单调与寂寞。

艾尔斯巨岩作为景观进入人们的视野是在20世纪中期，随着人们的关注而名声越来越大。起初腿脚勤快的游人喜欢快速攀登至岩顶，当地的原住民族阿南固族（Anangu）意识到乌卢鲁巨岩的重要性，将它尊为“圣山”，不喜欢游人攀登，倒是更愿意游客围绕巨岩探寻他们先祖在岩石底部穴居时留下的痕迹，尤其是雕刻和岩画。

艾尔斯巨岩现已划入乌卢鲁—卡塔楚塔国家公园（Uluru-Kata Tjuta National Park）。公园建立于1985年，由澳大利亚国家公园与野生动物管理处会同当地的原住民部落代表共同管理，1987年被联合国教科文组织列入“世界自然遗产名录”。这里不仅有自然奇迹，其蕴含的文化遗产也有着重要意义。所以，1994年经过补充申报，又转列入“世界自然与文化遗产名录”。

Tasmania Island

塔斯马尼亚岛

神秘、神奇、令人神往之地

P191上左：袋獾是一种食肉动物，尤以喜嗜腐肉，并发出令人毛骨悚然的尖叫而著名，故称为“澳大利亚恶魔”。图为饱食后的袋獾。

P191上右：沙袋鼠是澳大利亚的独有动物，主要生活在澳大利亚东南部和塔斯马尼亚岛的灌木地区。

P190～191：塔斯马尼亚岛东部的维恩格拉斯湾（wineglass bay），可译为“酒杯湾”。

一般去南极大陆探险的人们，多以火地岛为大本营。其实，在大洋洲还有一个岛屿，比火地岛更靠近南极，而且岛上的物种结构也与众不同，其中有一种独特的革木（leatherwood）花朵，可用来酿制成半凝状态的纯天然革木蜂蜜，入口即化，甜而不腻，是岛上著名的特产。这个小岛叫作塔斯马尼亚（Tasmania）岛，自然景观奇特，又少为外界所知，故人们称这里是一个神奇、神秘、神往的“三神”之地。

塔斯马尼亚岛“躲在”澳大利亚大陆的“背后”，显得非常偏僻，虽然它距中国比新西兰距中国近得多，但多数人对它闻所未闻，更谈不上什么了解了。

塔斯马尼亚岛位于澳大利亚大陆以南，人们形容它是“世界的尽头”。在澳大利亚，塔斯马尼亚有“二最二唯”之说：面积最小的州、人口最少的州，唯一的“岛州”，唯一不消几天就可转悠一圈的州。

塔斯马尼亚岛的神奇与神秘，令探险家们神往。人类虽然在2万多年前就进入塔斯马尼亚岛，但第一个到达这里的外国人是荷兰的艾贝尔·塔斯曼（Abel Tasman，1603～1659）。他于1642年登陆，将其命名为范迪门地。此后不久，法国和英国的探险家们接踵而至。1798年，英国探险家马修·弗林德斯（Matthew Flinders，1774～1814）作环岛航行。1825年，英国人宣布范迪门地为殖民地，并于1853年更名为塔斯马尼亚，意为“塔斯曼发现的岛屿”。

世界地图上的塔斯马尼亚岛只是个“小不点”“弹丸之地”，其实它的面积广达67 800平方千米，在全世界所有岛屿中排名第26位，在大洋洲数以万计的岛屿里居第4位（仅次于新几内亚岛、新西兰南岛、新西兰北岛），差不多相当于我国两个海南岛的面积。而人口却少得出乎意料，只有不足50万人，平均每平方千米还不到8个人，同我国青海省的人口密度

P192左：塔斯马尼亚的格尔永山（Mount Geryon），位于克拉德尔山一圣克莱尔湖国家公园，按海拔高度是塔斯马尼亚州第九高峰。

P192右：耶路撒冷墙国家公园的雨林景观。这个公园位于塔斯马尼亚州首府霍巴特的西北，克拉德尔山一圣克莱尔湖国家公园以东。公园里有些地质结构的外形，跟耶路撒冷的城墙非常相近，故而如此命名。

P193：夏季盛开着的塔斯马尼亚高山欧石楠，是这里特有的物种。

差不多。

这里的景色主要由山岳构成。人们到此不期而遇的多半是连绵的丘陵、山谷、高原、火山。岛的中部为海拔600～1 200米的中央高原，最高峰奥萨山（Ossa, Mt.）崛起于中部偏西，海拔1 617米。这里有冰川期遗留的湖泊，且数量出奇得多，大大小小超过4 000个。山上终年云雾弥漫，部分地区的河流所经之地，迄今还处于原始状态，均为没有开发过的险峻峡谷，仅沿海地带和河谷间有狭窄的小片平原。海岸大都壁立、陡峭，未经任何破坏的白色海滩极其清爽纯净，海水透明见底。

塔斯马尼亚岛深受海洋影响，属于典型的温带海洋气候，湿润、稳定、宜人，是全世界气候最佳的温带岛屿之一。这里四季分明，春夏秋冬各有特色。有人说，这里的空气洁净指数在全球数一数二。这种说法虽然缺少确切的科学数据，但也从一个侧面反映出这里空气质量之好。

岛上大部分地面被原始森林覆盖，自然资源极为丰富。温带雨林是世界上仅存的几处同类雨林之一，其中以密集的桉树林为最大特色，尤其塔斯马尼亚蓝桉，最高达90米，生长迅速，高大挺拔，为岛上的特有树种。还有各类说不出名字的野生植物，数量之多，难以计数。岛上所产的苹果也别有风味，塔斯马尼亚也因此赢得“苹果之州”的美称。岛上的大片桉树林里生活着多种动物，鸟类有吸蜜鸟、黑樫鸟、黑鹊、黑凤头鹦鹉及各种其他鹦鹉；哺乳类有沙袋鼠、帚尾袋貂及环尾袋貂；食肉的袋类有袋鼬、斑袋鼬及塔斯马尼亚袋獾。袋獾又称“塔斯马尼亚恶魔”，因为这种动物喜嗜腐肉，进食时发出令人毛骨悚然的尖叫，于是人们给它取了这么一个恶谥性的绰号。在苔属植物生长地区和高沼地里有各种毛鼻袋熊，海岸带是绿色玫瑰鹦鹉及卵生哺乳类鸭嘴兽和针鼹的故乡。

塔斯马尼亚不仅是动物的天堂，还是人类生活的一块静谧之地，居民有“原住”与“殖居”之分。原住民属于尼格利陀人（Negrito），或译类黑人种，在英国殖民者入侵以后就遭迅速灭绝的厄运，1876年，最后一个土生土长的塔斯马尼亚人死去，岛上的原住民彻底消失。“殖居”的塔斯马尼亚人，几乎全是英国人的后裔，影响涉及各个方面，连地名也都来自英语。这里人口增长缓慢，也很少有外来移民落户。

现在，这个神奇的小岛上2/5的面积（主要分布在西南部）已划为西塔斯马尼亚国家公园、自然保护区或世界遗产地。公园的中心是一条宽阔的南北走

向的变质寒武纪岩石带，构成壮观的石英岩山峦，一条条美不胜收的峡谷散落其间。这里全部为未经触动的处女地，散发出诱人的原始风光，几乎聚尽了全岛自然之美的灵气。

全岛经历过强烈的冰川作用，不仅有陡峭的山峦，更有冰川侵蚀形成的冰川谷、冰碛、湖泊等。而丰沛的降水，又形成许多引人入胜的激流和瀑布，让人心旷神怡。岩洞、岩拱、岩谷、石灰岩层和白云岩等喀斯特地貌比比皆是，那些大小不一、形态各异的石笋和钟乳石更让人流连忘返。西南海岸崎岖不平，沙滩与陡峭的岩岬相间，景色迷人。散布于公园内的100多个沼泽，是冰雪融化的积水形成的，使这里的景观更加丰富多彩，成为不可忽略的靓丽风景。

园内有以爱神木为主的温带原始雨林和稀疏的蓝桉。塔斯马尼亚本土植物总计165种，其中29种为园区独有。动物中有21种土生哺乳动物，占塔斯马尼亚地区已知哺乳动物种类的2/3。公园里还生活着珍稀的赤腹鹦鹉、袋狼等动物。袋狼又称塔斯马尼亚虎，体长110厘米，是世界上最大的肉食性有袋类动物，可惜在殖民者的大肆捕杀下，现已很难看到。

这里还有罕见的原住民遗址。富兰克林河畔的弗雷泽岩洞，是西太平洋考古资料最丰富的6个石灰岩岩洞之一，也是塔斯马尼亚最古老的居民点遗址之一，2.1万年前即已有人居住。在沿海还发现了大批完整的史前家庭遗址。

如此神秘、神奇的塔斯马尼亚岛，怎能不令人神往？近些年来，登临此岛的人越来越多，渴望一睹“世界尽头”的人们，不会因为距离的阻隔而放弃探险的梦想。

P194～195：塔斯马尼亚州安妮山附近的雨林，这里连同附近地区已经列入联合国教科文组织“世界自然遗产名录”。

Easter Island 复活节岛

太平洋的“谜团”

P197上左：复活节岛的巨型人头石像。这些人形石像多半由独石雕成，多达600余尊的石像何时由何人雕塑，其来历是永恒的难解之谜。

P197上右：在碧波无际的大洋里，耸立着一座孤零零的岛屿，由于发现它时，正巧是基督教的复活节而得名。图为复活节岛山势一瞥。

P196～197：晴空下的拉诺卡乌（Rano Kau）火山口中，火山湖绿意盎然。这是复活节岛的三个火山之一，形成岛的西南海角。海水侵蚀火山口，形成250米高的陡峭崖壁。垂直的悬崖上坐落着奥郎格（Orango）古村落，一年一度的鸟人祭祀就在这里举行。

太平洋上有座神秘的岛屿，它孤零零、静悄悄地“独处”于波涛万里的大洋里，四顾无邻，同其他任何陆地都相距甚远，跟哪个洲都攀不上关系，以致哪个洲的地图上，都找不到它的踪迹。虽然早在1888年就明确归属南美洲的智利所有，但在单幅的智利地图上，也没有给这块领土应有的位置。这是什么地方呢？这就是神奇的复活节岛。

这座岛屿有着悠久的历史，却长期不为外人所知。1722年4月5日，一个荷兰航海家偶然发现了它，因那天正巧是基督教的复活节，便以此命名。其实当地岛民早就给它取了一个形象的名字，叫“拉帕努伊”（Rapa Nui），意思是“地球的肚脐”，与远在澳大利亚旷野上的艾尔斯巨岩同一个意思。这大概就是古人对事物最直观的理解吧。

打开地图，在茫茫的南太平洋上有一个白色的小点，这就是复活节岛。我们不妨用地理坐标找找它的位置，即南纬27°07′，西经109°22′。这个位置东距智利本土海岸3 700千米，西北距法属波利尼西亚的塔希提岛4 000千米，西距皮特凯恩岛2 000千米，跟世界各大陆的距离更远在这些数字之上。

复活节岛面积狭小，仅有120平方千米，是一座火山岛。这里气候温和，年平均气温20℃，冬季最冷（8月）为18℃，夏季最热（2月）为24℃。夏季盛行干燥的东南季风，冬季雨水充沛，约达1 300毫米。岛上植被稀疏，没有树木，以灌木、草丛居多。贫瘠的土地，只适合种植一些山药、烟草和菠萝等农作物。岛上居民寥寥，只有3 000人，且对外联系不畅，常年仅有几艘船驶抵岛岸。1967年，智利在岛上辟建了一个机场，给那些来此探险和旅游的人提供了方便。复活节岛的首府安加罗亚的规模如同一个小镇。

但就是这么一个平凡的小岛，名气却很大，长期以神秘著称，号称太平洋的“谜团”。这主要缘起于岛上的千百座石像。

P198～199：复活节岛巨型人头石像面对波涛汹涌的大洋，列队而立，威风凛凛。

复活节岛平面轮廓略呈扁三角形，长16千米，宽10千米，周长60千米。沿海地带面对波涛汹涌的大洋，矗立着600多尊用整块火成岩雕成的造型奇特、模样怪异的半身人像。它们大多排列在4米多高、当地称为“阿胡”（即带围墙的墓地）的石砌平台上，平台下往往是埋葬死者的墓穴。这些石人一般有长形头、高鼻子、深眼眶、大耳朵和噘着的嘴，双臂或直伸，或用手按在肚子上，有的头上还戴着用红色岩石雕成的圆柱形帽子。据考证，这些巨石雕像大约雕凿于公元690～1680年间，断断续续，历时千年。从雕像材料看大致可分为前后两期。前期约始于公元700年，多是玄武岩、凝灰岩或火山渣雕像，属于中小型，高矮差异不大，个个朝着无边的大海昂首遥望，好像在等待着什么；后期约在公元1000～1680年间，多系巨大的火山凝灰岩头像或胸像，一般背朝大海，仿佛在凝视岛内的荒凉风光。石像一般高约3～6米，少数高7～10米，冠帽重约2～10吨。最大的石像高约11.5米，重82吨，冠帽重11吨。以拉诺拉拉库（Rano Raraku）火山斜坡上的一排15尊石像和阿基维（Akive）的一排6尊石像保存得最为完整。这些巨石雕像不仅体量庞大，而且造型独特，有些雕像背部还刻有文身花纹。

在岛的东南部山里，还有另外300多个未完工的巨像，背部跟岩石相连，没

有切割开来。最大的一个竟高达22米，重约400吨，仅帽子就有30吨重。在这座火山下还发现了40多个神秘的洞穴和更多没有完工的雕像。在南部的奥龙戈（Oronge）地区，发现了一些刻在石头上但至今尚未被识别的象形文字。

自从复活节岛有石像的消息传出之后，前来探奇的人越来越多。人们在无比惊奇、赞叹之余，也产生了一系列的疑问：是什么人在什么时代、从什么地方远涉重洋来到这个绝对孤立的岛屿上？为什么花费这么大的力量雕刻这么多笨重的石像？在没有机械工具的情况下，把这么多的巨像安放在全岛的特定位置，是怎样完成的？石像有什么用？它们代表什么？……对于这些不解之谜，流传着不少的神奇传说，也先后引起了许多考古学家和科研人员的极大关注和兴趣。但到底是怎么回事，始终是迷雾一团，时至今日，依然没有找到开启谜团的钥匙。

复活节岛依然以太平洋的“谜团”吸引着世界各地的考察者、探索者、旅游者。智利政府对复活节岛也越来越重视，不但颁布专门的法令保护岛上无价的文物，还辟建了国家公园，并且抛开久已习用的“复活节岛”名，把公园的名字正式定为“拉帕努伊国家公园”。1995年，公园成功列入“世界文化遗产名录”，受到世人的保护。

Macquarie Island 麦夸里岛

大洋洲最南端的“界石”

P201上左：麦夸里岛出露在大洋洲南尽头的洋面上，人称大洋洲最南端的“界石”。图为远眺麦夸里岛。

P201上右：麦夸里岛的北端海岬，四壁陡峭的无线冈与主岛通过一段地峡相连，澳洲南极大陆处的永久基地就设在这段地峡上。之所以得名“无线冈”，是因为这座山丘是一个早期无线电报站的所在地，通过这里建立了对南极大陆最早的无线电通信连接。

P200～201：麦夸里岛上裸露的地表植被，岛上大部分峭壁受海浪侵袭，地表植被和动物都会受到很大影响。这里居民很少，澳洲南极大陆处在岛上建立了永久基地，作为亚南极地区的研究考察站。

在南太平洋的南侧，南纬54°30′东经158°56′处，一颗小不点儿的陆地露出洋面，这是大洋洲的南尽头，号称大洋洲最南端的“界石”，一座以英国派驻澳大利亚新南威尔士殖民地总督的姓氏命名的岛屿——麦夸里岛（Macquarie Island）。

麦夸里岛对绝大多数人来说是陌生的，其中有多种原因：离我们太远，从北京到这里，需跨越94个纬度，相当于绕地球一圈的1/4还多，直线距离超过1.1万千米；面积太小，即使在大比例尺地图上，也微乎其微，连“弹丸之地”都说不上；太靠边隅，仿佛天边，距离南极洲倒仿佛是“咫尺之遥”。加之资讯太少，即使国内最新出版的《中国大百科全书》（第二版）也未予立条收载，其他就更不消说了。

麦夸里岛所处的纬度，正当南半球“西风带”终年咆哮袭击的要冲，常年五至七级大风劲吹，五六米高的大浪翻滚。人们称这片海域为进出南极必闯的“鬼门关”。小小的麦夸里岛仿佛一叶扁舟忽隐忽现地出没于惊涛险浪里，又俨然这可怕海域里的中流砥柱，始终屹立不倒，并孕育出许多独有的特点。

这个小岛在地理位置上极大地远离人类主要的活动中心，与任何大陆均天各一方，就是距离最近的塔斯马尼亚岛也有1 500千米之遥，因此，地理上处于相对隔绝的状态。这里的气温、云量及雨量终年很少变化，从来不受冰封，加之它正处在澳大利亚到南极洲的中途，等于一座进出南极地区的天然中转站。所以澳大利亚早在1933年就把它建为自然保护区，1948年设立了气象和地质考察站。1977年，被联合国教科文组织定为生物圈保护区，1997年列入“世界自然遗产名录”。这是全球迄今近千处世界遗产中地理位置最偏南的一处。

麦夸里岛面积123平方千米，平面轮廓略呈矩形，长34千米，宽5千米，平均海拔200米，最高点哈密尔顿山（Mount Hamilton）海拔443米。岛上没有树木，也缺少灌

P202～203：麦夸里岛的山丘地形直逼大海，是王企鹅的家园。图为卢西塔尼亚湾聚集的王企鹅。

P203上：一群南象海豹栖息在麦夸里岛的海滩上。这是体型最为巨大的鳍足动物，雄性会用大鼻子发出响亮的吼声。它们只在亚南极地区活动。麦夸里岛有着南象海豹的三个亚群之一。

木，仅有少数草类，基本属于贫瘠荒原。四周沙滩铺展，直入大海。如果你足够幸运，可以在这里看到壮观的南极光。

麦夸里岛在茫茫大海中虽只是“渺然一粒”，但对自然界的某些生灵而言却是难得的美好家园、天赐的福地。岛上有数以百万计的企鹅，卢西塔尼亚湾（Lusitania Bay）的海岸是20多万对王企鹅生活的家园，它们羽毛黑亮，头部橘红，发出号角般的鸣叫声。另外，巴布亚企鹅和跳岩企鹅等也各有自己的繁育地。与企鹅共同分享海滩的动物，是数量庞大的海豹和海狗，那些海豹摊开身躯，悠闲地躺着晒太阳，招惹了成批的企鹅围观。岛的上空鸟禽齐鸣，记录在册的鸟类多达70余种，包括4种体型庞大的信天翁（灰背信天翁、漂泊信天翁、黑眉信天翁和灰头信天翁）。各种可爱的动物们为这座小岛带来了无限生机。

麦夸里岛周围的海底大陆架虽然狭窄，却有着丰富的海洋生物。巨大的牛藻

为浮游生物和鱼类提供了非常富饶的生长环境，而这些海洋生物则成了海豹和鸟类用之不竭的上好食物。丰富的海洋生物与岸上的动物们共同构建了一座亚南极地区动物天堂，每天都上演着一幕幕或其乐融融或惊心动魄的动物世界。

麦夸里岛还保留了许多原住民的窑洞，洞内的雕琢体现出他们很高的艺术才能。这些沿陡峭山坡而建的窑洞大约可追溯到1.8万年前。其中还有上千处保存完好的考古遗址和原住民文化遗存，以及大约7 000处其他艺术古迹。从已经发掘出的古迹遗址不难看出，这座岛屿在数万年前就开始有人类活动了，而且是世界上最早使用利斧的初民。早在2.5万年前，这里的人们已经利用赭石进行绘画了。

麦夸里岛这颗镶嵌在南太平洋最遥远、最璀璨的明珠，是动物们的美好家园、科学家们理想的科研基地、游客们的绝佳观赏地。

P203中：岛上茂密的图索克草(tussok grass)与王企鹅组成一幅生动的画面。

P203下：麦夸里岛的南象海豹与成群的企鹅共享一片蓝天，体现了生物界的和谐。

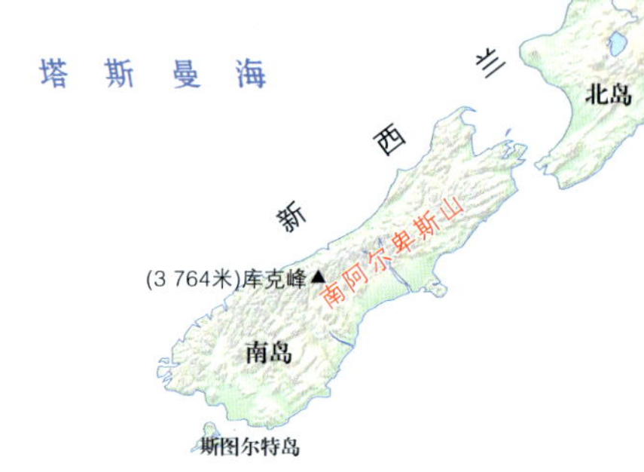

Southern Alps | 南阿尔卑斯山

“南天”小岛上的壮美

P205上左：位于南阿尔卑斯山中的瓦卡蒂普湖，是新西兰的第三大湖，湖水清澈明净，非常适合乘船欣赏山湖美景，这里还是户外活动的基地，滑雪、冲浪等活动都十分适宜。

P205上右：傍晚的瓦纳卡湖明净如镜，倒映着湖中一棵茕茕独立的树和掠过的云影。瓦纳卡湖是新西兰第四大湖，位于南阿尔卑斯山脚下的奥塔戈湖链中心，冰川湖盆深约300米。

P204～205：从南面眺望库克山，夕阳的余晖洒在冰雪覆盖的山巅之上，使洁白的山峰多彩而美丽。库克山是南阿尔卑斯山的最高峰，山顶终年积雪，冰川广布，由于冰川作用形成的湖泊散落其中，景色别具一格。

知道欧洲有座阿尔卑斯山的人很多，但知道世界上还有座南阿尔卑斯山的人就比较少了。其实，较之欧洲的阿尔卑斯山，南阿尔卑斯山不仅可与之媲美，而且还有许多优胜之处。

南阿尔卑斯山在哪里？它在“南天”，即在遥远的新西兰南岛上。有人认为，新西兰是地球上各种自然地貌的集中缩影。地球上所有的自然地貌景观，在新西兰南北两大岛上几乎都能够看到，尤其是它的山岳地带，以南岛尤为突出。

新西兰南岛的主干山岳，与欧洲的阿尔卑斯山非常类似，故被称为“南阿尔卑斯”。它纵贯南岛中西部，略呈东北—西南走向。西坡陡峻，靠近海岸，大部分巍峨高耸，崖壁陡峭；东坡较缓，有宽阔的山麓丘陵，并且渐降为平原。南阿尔卑斯山脉总长320千米，较“北”阿尔卑斯山脉难免“相形见绌”，但在大洋洲却是首屈一指，最高峰库克山（Cook，Mt.）海拔3 764米，按高度是澳新地区的“峰中王”，相当于澳大利亚大陆最高峰科西阿斯科山（2 229米）海拔高度的1.7倍。不仅如此，海拔超过3 000米的山峰还有多座，如塔斯曼山（Tsamann，Mt.，海拔3 497米），马尔特·布伦山（Malte Brun，Mt.，海拔3 176米），塞夫顿山（Sefton，Mt.，海拔3 157米），阿斯普林山（Aspring，Mt.，海拔3 035米）等。至于海拔超过2 000米的就更多了。

库克山原本有毛利人命名的传统名字，叫奥朗伊山（Aolangi），意思是“钻云峰”。1851年，英国人为纪念自己国家的航海家詹姆斯·库克，改为现名。

库克山顶部终年积雪，东侧有长达28.9千米的塔斯曼冰川。其他大批高峰顶部也多半终年白雪盈头，并且常发生雪崩，还孕育出许多蔚为壮观的大小冰川360多条。经众

P206～207：第一缕阳光染红了塞夫顿峰，远处的库克山也披上了彩霞。南阿尔卑斯山脉发育有多条冰川，在幽深的胡克尔峡谷中形成一个个蓝色的冰碛湖。

多冰川的刨蚀，凿出条条U形谷和座座冰蚀湖。这些冰蚀湖或呈狭长形、扁长形，或是奇形怪状的扭曲模样，构成别具一格的自然景观。当你深入这些天造地设之景时，常有峰回路转、奇妙无穷之感。

这里的湖泊主要有瓦卡蒂普（Wakatipu）湖、蒂阿瑙（Te Anau）湖、瓦纳卡（Wanaca）湖、哈威亚（Hawea）湖、普卡基（Pukaki）湖、特卡波（Tekapo）湖、本默尔（Benmore）湖……这些湖泊上承高山流水，又下泻为长短不一的河川，如当地最长的克卢萨（Clutha）河以及拉凯阿（Rakaia）河、朗吉塔塔（Rangitata）河、怀塔基（Waitaki）河等等。

在南岛西南部，南阿尔卑斯山直逼海滨，形成众多的峡湾。它们虽然没有以挪威语的jiord（峡湾）命名，却是实实在在的峡湾，与北极圈附近的峡湾相比毫不逊色。

南阿尔卑斯山还是南岛东西部的气候分界线。西坡雨水充沛，森林茂密；东部位于背风雨影地区，降水较少，林木稀疏，低矮的山麓丘陵只能生长草本

植物。

新西兰的南北两岛约在8 000多万年前就已开始与其他大陆分开，而且“渐行渐远”，形成一个独特的生态环境。许多植物和动物在这个没有外界干扰的岛上进行着自己的演化进程。在2 000多种物种中，有1 500种为新西兰所特有，其中南阿尔卑斯山的高山薄雪草、新西兰毛茛、黄心白花的库克峰百合和大型山雏菊等，均举世无双。在海拔较低的山岳地带生长着茂密的桫椤林，用绿色将这里妆点出独特的风景。此外，这里还生活着一种食肉鹦鹉，是世界上唯一可以在高山地区生活的鹦鹉。

为了保护南阿尔卑斯山，新西兰已在这里建有多处公园，如北部的卡胡朗伊国家公园、纳尔逊湖国家公园、阿瑟山口国家公园，中部的韦斯特兰国家公园、库克山国家公园，南部的阿斯派灵山国家公园、峡湾区国家公园等，并且设施完善，观景台、步行道、观景机场、博物馆等应有尽有，同时还开辟了许多滑雪场。如今的南阿尔卑斯山已经成为旅游和冰雪运动的天堂。

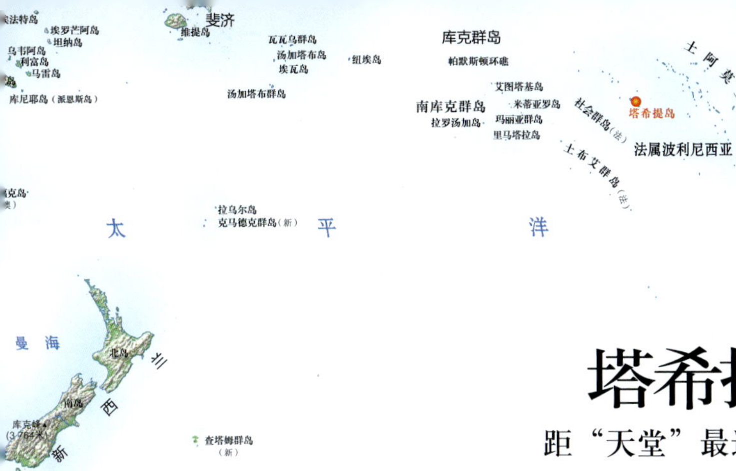

塔希提岛 Tahiti Island

距“天堂”最近的海岛

近些年来，在花花绿绿的旅游广告里出现了一个“大溪地”的名字，但在地图上却查不到，地名词典里更是没有它的踪影。原来，“大溪地”是个“舶来品”，它原本的名字是太平洋上的岛屿“Tahiti”，在中国出版的各种地图集、地名词典、百科全书中，均译为“塔希提”。其实该岛的名称源出波利尼西亚语。波利尼西亚原本是一个部落的名字，塔希提是“人”的意思，后来演变为岛名，可以解释为“人岛”。

塔希提岛是东南太平洋上一个颇具传奇色彩的独特的岛屿，地处遥远的南太平洋中心海域，曾是波利尼西亚人平静、美好的家园。但从250年前开始，这片平静的海域翻起了波浪。先是英国海军军舰闯入，以当时英国国王的名字将其命名为乔治三世岛，而后法国航海家布干维尔登临，宣布归属法国。随之而来的是英、法与当地人之间的纷争。直到1842年再次沦为法国保护地。1957年连同附近多个法属岛群，组成法属波利尼西亚。2004年，正式成为法国一个具有自治政府的自治地区，塔希提岛是它最重要的组成部分，首府帕皮提就设在这座岛上。

若要找准茫茫大洋中一个岛屿的位置，最好的办法就是看它的地理坐标。塔希提岛的地理坐标是南纬17° 37′，西经149° 27′。按纬度，跟西侧的“邻居”瓦努阿图与斐济群岛差不多；按经度，较夏威夷群岛的主岛夏威夷岛还要偏东。面积1 042平方千米，跟我国的第三大岛崇明岛（1 110平方千米）

P208上左：一母座头鲸携幼仔在塔希提岛附近海域中畅游。座头鲸是大型鲸类，体重最大可达90吨。以跃出水面的技能、超长的前翅和复杂的叫声闻名。由于遭到滥杀，数量急剧减少，已被列入《濒危野生动植物种国际贸易公约》。

P208上右：魟(stingray)，又称刺鳐。鳐魟类与鲨鱼为近亲，都属于软骨鱼。

P208～209：莫雷阿岛全貌。

P210: 塔拉瓦奥地峡连接着“大塔希提”与“小塔希提”，在傍晚的火烧云映衬下，两侧嶙峋的山壁也显得柔和了起来。狭窄的地峡形成天然港湾，出海的船只在暮光中悠然返航。

P211: 从塔希提岛附近的莫雷阿岛的上空俯瞰库克湾。

差不多。它孤零零地置身于无边无际的大洋中，显得极其渺小，但在整个法属波利尼西亚的群岛中却又是最大的，比法属波利尼西亚118座岛屿总面积的1/4还大，居民接近20万，几乎占法属波利尼西亚人口总数的4/5。不难看出，它在法属波利尼西亚所处的地位。

从空中俯瞰，塔希提岛的形状异常奇特。整个岛屿的平面轮廓像个斜躺着的“8”字，又像一个哑铃，还像一只上大下小的细腰葫芦，更仿佛安徒生童话里的美人鱼，以西北—东南的倾斜姿势，定格在南太平洋东侧浩瀚的洋面上。硕大的“鱼头”朝向西北，名叫塔希提努伊（Tahiti Nui），意思是“大塔希提”；“鱼尾”摆向东南，叫塔希提伊蒂（Tahiti Iti），意思是“小塔希提”。头尾之间由一个叫塔拉瓦奥（Tarawao）的地峡连接起来。

塔希提岛的奇特形状跟它作为火山岛有直接关系，它是两座海底火山长期喷发的产物。迄今在塔希提岛的“大鱼头”部分——塔希提努伊的正中央屹立着海拔2 241米的奥罗黑纳（Orohena）山；它的“小尾巴”——塔希提伊蒂则有海拔1 332米的罗纽（Roniu）山挺起。值得一提的是，奥罗黑纳山不仅是法属波利尼西亚的最高峰，而且比澳大利亚大陆的最高峰科西阿斯科山（海拔2 226米）还高。奥罗黑纳山以如此挺拔的身材，凸起于塔希提这个“弹丸”之岛上，可谓“南天一柱”。塔希提岛仅此一点就值得一游、一探。

塔希提岛位于东南信风带内，南部湿润，年降雨量2 500毫米以上，北部较干燥，年降雨量1 800毫米，大部分雨水降在12月至次年3月，1月份最湿润，8月份最干燥。气温一年四季变化不大，由7～8月的24℃到1～2月的29℃。许多热带花卉在这里蓬勃生长，整个岛屿空气中弥漫着芳香。独特的地理环境造就了形态各

异的自然景观。岛上天然色彩层次分明：沿海有狭窄的肥沃平原，四周有断断续续的珊瑚礁环绕，其间有一系列小型潟湖。风高浪急的地方有喷水洞，浪涛拍岸时海水由石隙的洞穴涌出，颇为壮观。中部绿林密布，在山势雄峻的峡谷中，有瀑布、溪涧和湖泊。火山灰造就了肥沃的土地，面包果、菠萝、木瓜、芒果、香蕉等热带水果随处可见。

塔希提岛的海滨，景色尤其娇艳魅人。近处有象牙白的细沙，远处是一望无际的海平面，日落时分，温柔的夕阳撒向大海，平静的海面展现出一幅如痴如醉的画卷。很多到过这里的人都称赞它是“距离天堂最近的海岛”。

人们来到塔希提岛，除了流连忘返于纯美的自然景观，还有与大自然和谐共处、动人心弦的体验经历。比如延伸至海中的水屋，就是别开生面的设施，让人们推开窗便仿佛置身大海之中。每个水屋都有玻璃地板可以观看美丽、清澈的湖水和自由穿梭的鱼群。酒店的人工潟湖给宾客提供了浮潜的好去处，上百种海鱼围绕在浮潜者身边，与浮潜者一同嬉戏；法式餐厅玻璃板下喂养着鲨鱼，在你享

P212～213：社会群岛中小岛上的飞瀑流泉。

P213：塔希提岛是由海底两座火山长期喷发而形成。图为塔希提岛的火山地貌。

用美食的同时，可以欣赏不时在脚下穿梭的白鲨。当然，最让人难忘的还是出海潜水，成群的鳐鱼聚集在固定海域，你可以鼓足勇气跳入海中，在潜水员的带领下去抚摸它们奇特的躯体……

原生态风情在塔希提得以完好保存下来，是许多被过度开发的热带岛屿所不具备的。受法国文化的影响与熏染，今天的塔希提人既有原先岛上居民的野性，又融合了法国人的气质，渐生出独特的地方魅力和许多有趣的风俗。

说到塔希提岛的文明与法国文化的牵连，不得不提到法国后印象派画家高更（1848～1903）。他不顾一切离开巴黎，远涉重洋来到塔希提岛生活、创作。在这里，和谐的自然风光与原始质朴的人文气息，开启了他的艺术心门，创作了大量传世名作，使他成为法国划时代的艺术家，是与凡·高、塞尚齐名的后印象派三巨头之一。

塔希提岛的历史遗迹以原住民国王的陵墓最为壮观。跟陵墓毗邻的是欧洲各国探险家登陆的纪念碑，以及被弃置的灯塔。此处建有展示波利尼西亚文化和传统习俗的博物馆，同时也有纪念大艺术家高更的博物馆。

Hawaiian Islands 夏威夷群岛

浪漫的“天堂之美”

P214下左：拉奈岛的波利胡亚海滩非常隐秘，是岛上最富浪漫情调而又宁静、幽僻的旅游胜地。

P214下右：夏威夷大岛的南岸，傍晚的潮水几乎淹没了著名的帕纳卢黑沙滩。这里的黑沙滩由火山活动形成，玄武岩熔岩流入海中冷凝破碎，便成为黑沙。粗糙的黑沙滩并不适合游客戏水，却是濒危的玳瑁和绿海龟产卵休憩的家园。

P215：考艾岛上飞瀑直泻。考艾岛位于夏威夷群岛主岛瓦胡岛的西北，是群岛的第四大岛。

您见过水与火相逢而共存的地方吗？去夏威夷群岛看看吧！那里有从大海中升起并仍在喷发的活火山，新的陆地每天都在水与火的“激情拥抱”中诞生！夏威夷群岛的根基是北太平洋中部万米深的海底火山山脉。它露出于海平面之上的总面积约2.8万平方千米。从飞机上俯瞰，这组由8个较大的火山岛、100多个小岛及周围的珊瑚礁组成的链状群岛，在海水与海风的沐浴下宛如一枚枚晶莹剔透的珍珠翡翠，绿得令人心醉。

难怪人们称赞夏威夷有“天堂之美”，那里的海浪、火山、瀑布、彩虹、落日和到处盛开、四季艳丽的鲜花融绘出迷人的景色。舒适的气候与绚丽的风光赋予夏威夷群岛独特的世外桃源般的浪漫气氛。夏威夷（Hawaii）的名字来自波利尼西亚语，是“原始的家”的意思。波利尼西亚人一千多年前就来到夏威夷居住。1898年夏威夷群岛并入美国，1959年成为美国的第50个州。每年有800万游客到夏威夷观光，最吸引游人的四个岛屿是夏威夷岛、毛伊岛（Maui）、瓦胡岛（Oahu）和考爱岛（Kauai）。夏威夷的所有海滩都向公众开放。有趣的是，岛屿周边沙滩的颜色各不相同，有白沙滩、黄沙滩和由黑色火山岩风化的细沙铺成的黑沙滩。

夏威夷岛是夏威夷群岛里最大的岛屿，面积约1万平方千米，也是地质上最年轻的岛屿，由5座火山构成。其中冒纳罗亚（Mauna Loa）和基拉韦厄（Kilauea）是世界上最活跃，也最安全的活火山，位于大岛东南部的夏威夷火山国家公园内。在世界其他地区，每当火山喷发时，人们都迅速逃离，但在这里，

游客可以较近距离观察从火山口溢出的赤红的熔岩流注入大海时的场景。公园占地377平方千米，包括从4 169米高的冒纳罗亚火山口到海岸之间的辽阔地区。除了参观活火山，还可以饱览火山熔岩隧洞与地下河，观赏神奇的熔岩构造。熔岩区和热蒸气喷气口周围的山上长满绿意盎然的热带丛林，拥有很多独特的动植物和鸟类。从白雪覆盖的古老火山顶，到雨林间的潺潺瀑布，巨大的高差使夏威夷岛囊括了13种生物气候类型中的11种。

夏威夷岛的自然景观具有多样性。沿海地带属热带气候，而地势较高的地区则凉爽惬意。夏威夷岛的东部非常潮湿，是美国平均降雨量最多的地方。而岛的西部则极其干燥，一派干旱的荒漠景象。夏威夷岛上竖立着许多拔地而起的盾状锥形火山，气势雄伟，巨大的高差让人们可以在同一天内上山滑雪，下海冲浪，再到海滩休闲，品尝“夏果”（Macadamia Nuts）和夏威夷咖啡（Kona Coffee），

P216上：考艾岛怀梅阿峡谷景色。怀梅阿峡谷规模不大，却以沟深壑险闻名，号称“太平洋上的大峡谷”。

P216下：哈莱阿卡拉火山位于毛伊岛的东侧，故又称东毛伊火山，但却占到全岛面积的3/4。图为哈莱阿卡拉火山口（haleakala crater）。

观日落晚霞。

毛伊岛是第二大岛，面积1 883平方千米，以山谷秀丽著称。岛上最著名的景点是海拔3 050米的哈莱阿卡拉（Haleakala）国家公园，那里是云雾笼罩下规模巨大的死火山口群。置身其上，就像来到另外一个星球一样，寂静、荒凉、原始，朔风劲吹，令人瑟瑟发抖。然而，它那如诗如画的自然美景却带给人们喜悦与活力、舒适与启发，既刺激又悠闲，因此被认为是世上最浪漫和最神奇的地方之一。

瓦胡岛面积有1 545平方千米，是夏威夷的第三大岛，也是本州的人文和经济中心，全州2/3的人口都居住在这里。夏威夷州的首府檀香山市（Honolulu）和著名的珍珠港（Pearl Harbor）都在这座岛上。这里气候宜人，棕树、椰林终年绿树成荫，奇花异草四季盛开。海滩平坦，白沙如银，成为著名的旅游胜地。

P216～217：登上努阿努帕里大风口远眺，欧胡岛东北平原的风景一览无余。贯穿整个欧胡岛东岸的库劳（Koolau）山脉是形成欧胡岛的古火山残骸，连绵不绝的山峰只在大风口一带出现了一个缺口。无论是人，还是风，都理所当然地把这里作为穿越山脉的最佳途径。

P218：毛伊岛北端的纳卡莱莱角的海上喷泉。

P219：毛伊岛纳帕利海岸的航拍景色。

考爱岛面积1 430平方千米，按大小虽排行第四，但按地质年龄算，却是夏威夷群岛中最古老的岛屿，植被茂盛，有“花园岛”的雅称。岛上的怀梅阿峡谷（Waimea Canyon）被誉为“太平洋上的大峡谷”，而纳帕利海岸风光更加迷人。

怀梅阿峡谷位于岛的西部，由红褐色风化岩石构成，深达900多米，绵延约16千米。绿树掩映的深切峡谷中可见高悬的瀑布，云雾缭绕，草木葱茏，比美国本土的大峡谷更多了几分清秀。

纳帕利海岸位于岛屿西北部，蜿蜒曲折，集夏威夷海岸线的险峻和幽雅于一体。沿26千米长的海岸线遍布高达千米的嶙峋峭壁，有的山峰自海底直插云天，有的则可以沿半山腰的盘山小径行走探幽。忽而看似山穷水尽，走近却又峰回路转。眺望远处，崖脚下的沙滩镶嵌在山海之间的山湾浅海处。环岛的洁白沙滩长达80多千米，碧波荡漾的海面上，一排排银白色的海浪追逐着涌入海湾。大海龟或悠闲地在浅海中漫游，或爬上海滩晒太阳。远处海湾里不时可见座头鲸换气时喷出的高大水柱。它们欢快地嬉戏，不时跃出水面，引来游人一片惊叹声。

考爱岛以“美丽的花园之岛”名闻遐迩。岛上除了4%的土地用作商业和居住外，其余全都保留着自然风貌。它的美是一种无可挑剔的自然美、原始美。岛上处处山青水绿，鲜花怒放，绿意盎然。这里还有夏威夷州唯一一条可通航的河流。岛上的哈纳莱（Hanalei）和基拉韦厄角（Kilauea Point）两个国家级野生动物保护区，使许多依赖于河谷和海滨湿地生存的珍稀飞禽和海鸟得以在此繁衍生息。建于1913年的高大灯塔，就位于基拉韦厄角国家野生动物保护区内。考爱岛丰富又奇特的自然景观成为备受好莱坞青睐的外景拍摄地，60多部电影和电视剧都曾在这里拍摄。

夏威夷群岛以舒适的气候、秀丽的风光、多彩的文化、独特的岛屿和众多自然奇观而著称，为前来游玩的人们提供了毕生难忘的体验。

夏威夷火山国家公园普乌奥奥（pu’u O’o）破火山口里的熔岩。

北美洲

North America

以美国和加拿大为主体的北美洲，四面环海，伸入北极。这一特殊的地理位置，使其大部分区域处于极端天气中，寒冷、风暴、冰雪成为大自然的主宰。极端的气候雕塑出气势磅礴的景观：闻名世界的美国纪念碑谷、具有岩石艺术之最的天然拱门、伸入大海的峡湾冰川，以及耸立在旷野上的冰雕……无不是寒风暴雪的杰作。

北美黄石公园中的大棱镜温泉。

Ilulissat Icefiord 伊卢利萨特冰湾

伸入大海的冰川奇观

P225上左：伊卢利萨特冰湾出海口迪斯科湾，一座座巨大的冰山如同大型航空母舰，从这里驶入大海，最后流入并融化在大西洋中。

P225上右：伊卢利萨特峡湾的上端起于东距海岸40千米的内陆冰盖。每年从冰盖上崩裂的冰山重达200亿吨，沿着伊卢利萨特冰湾漂流入大海。图为冰湾源头崩裂下来的巨大冰山，其高度最高可达1 000米。

P224～225：流入迪斯科湾的巨大冰川，其状如狮子张开血盆大口，十分恐怖，胆小的游人甚至不敢靠近。

在遥远的北美洲东北部有一座岛屿，其面积的4/5在北极圈内，那无边无际的茫茫冰原，为其增添了许多神秘的色彩。这就是世界第一大岛——格陵兰岛。

格陵兰岛属于寒带冰原气候，大部分地表终年为厚厚的冰层覆盖，冰原上点缀着少数突兀的山峰，成为该岛的特色景观——冰原“岛峰”奇观。冰原周边镶嵌着一个个冰湾，其中最令世人称奇和神往的是伊卢利萨特冰湾，该冰湾2004年入选联合国教科文组织“世界自然遗产名录”。

伊卢利萨特冰湾面积400多平方千米，位于格陵兰岛西岸，北极圈以北250千米处，是少数几个从格陵兰冰盖流出的冰川出海口之一。伊卢利萨特冰湾的源头是距西海岸约40千米的内陆冰盖。每年从冰盖上崩裂的冰山体积超过35立方千米，重量估计约200亿吨。这些崩裂的冰山和浮冰块从伊卢利萨特冰湾排入大海，占格陵兰岛崩裂冰的10%，比南极洲以外其他任何冰川排出的冰量都多。崩裂的冰山像一条狭长的冰舌，以平均每天20～30米的速度流向伊卢利萨特湾口，并沿格陵兰岛西海岸向海洋延伸开去。因此，这条冰川成为世界上流速最快，也是最活跃的冰川之一。崩裂的冰山有的体积很庞大，绵延长达1 000米，以至在峡湾里搁浅，有时要等待多年才被峡湾上游下泻的冰川撞开。破裂的冰山流入大海后，起初顺着海流往北，再转向南流入大西洋。较大的冰山可以漂流到北纬40°～45°（相当于纽约市的纬度）才融化。

欣赏冰山在冰湾中冲向大海的磅礴气势，聆听冰山崩裂时发出的巨响和快速移动时的轰鸣声，你会被大自然的威力所震撼。如果乘船穿梭于雄伟壮观的冰山之间，不由生出一种对大自然的敬畏。远处洁白的冰盖，如同一堵白墙；近处一座座大小冰山，向峡湾入海口漂流；四周刺骨的寒风，伴以冰块移动的轰鸣声，会使你全然陶醉在这美轮美奂的

P226～227: 世界第一大岛格陵兰岛4/5的面积处于北极圈内，大部分地表终年为厚厚的冰层覆盖。岛上最著名和最令人神往的旅游胜地是伊卢利萨特冰湾。图为伊卢利萨特冰湾全景，一座座大小冰山，连绵不断地向峡湾入海口——迪斯科湾漂流。

冰雪世界中。尽管格陵兰岛冰天雪地、严寒难耐，但是慕名而来的游客仍然络绎不绝。

伊卢利萨特冰湾作为第四纪最后一个冰期冰川活动的突出例证，具有重大的科学研究价值。250年来，格陵兰的冰盖和冰川一直是科学家研究的对象，从而

大大增加了对冰川学、第四纪冰期及气候变化与相关地貌过程的认识。近年来，全球气候变暖，极地冰雪加速融化，格陵兰冰盖在近十余年来崩裂和融化的速度比全球其他地区快两倍，从伊卢利萨特冰湾流出的冰山和融冰水量增加了30%。固然快速流动的冰山使冰湾景色越加壮观，但也大大增加了人们的担忧。

Inuvik

伊努维克

北极的狂野之美

P229上左：初雪之后，荒原被覆盖上一层白色，苔原地带弯弯曲曲的河流已经结冰。

P229上右：伊努维克国家公园受人类活动影响较少，保持着纯粹的原始状态，被称为加拿大最纯净的国家公园。

P228～229：伊努维克国家公园，坐落于加拿大西北地区的最北端，弗斯河从一望无际的沿岸平原流入大海。

在约1.2万米的高空，看不清大地的任何细节，却给人以无限遐想。一望无际的冰原，白色的雪，蓝色的冰覆盖着蜿蜒曲折的海岸线，飘逸天际的北极光，蹒跚而行的北极熊，还有祖祖辈辈坚守在这里的戴着大皮帽子的因纽特人……在世界大陆的最北端，气候恶劣，环境荒凉，却充满神秘，鬼斧神工的地貌、神奇的天文现象、珍稀的生物群落成为科学爱好者、探险者和热爱大自然的人们追梦的地方。

这里是伊努维克（Inuvik）国家公园，坐落于加拿大西北地区的北端，建立于1984年，占地10 168平方千米，名称来源于伊努维克语“Ivvavik”，意为“出生地”或“成长的地方”，是加拿大第一个因原住民领土诉求而建立的国家公园。

伊努维克国家公园被认为是加拿大最纯净的国家公园之一，它一直保持着原始状态，集原始美和狂野美于一体。园内静静流淌的弗斯河（Firth River）、一望无际的沿岸平原、纯净的波弗特海、飞流而下的巴贝奇瀑布（Babbage Falls）和罕见的动植物等，营造出一种狂野之美。由于地处偏远，且环境较恶劣，所以想要参观旅游是很难的。正因为如此，对于想去的人来说更是一种巨大的诱惑。

弗斯河为众多的野生动物和游客们提供了一条天然走廊。同时，它还提供了130千米长的通航河道，即从阿拉斯加州边界附近的玛格丽特湖向北流入波弗特海。沿着弗斯河漂流是了解该区域地质演化历史最理想不过的方式了。在河的两岸随处可见暴露在峡谷壁上的沉积岩层，其中最古老的岩石是那些5.8亿～3.8亿年前缓慢蓄存于大洋盆地的沉积物。随着时间的推移，这些沉积物逐渐演化为石灰岩、砂岩和页岩，从而形成了公园的地质基础。

北极苔原、高山苔原和针叶林是公园内三个主要的植被群落，尤以北极苔原和高山苔原最为常见。针叶林是寒带森林和苔原之间的过渡树种，包括发育不良的云杉和香脂杨

P230左上：北极圈内常年寒风呼啸，夏天，类禾本植物的花顽强地对抗着强风的撕扯，与低矮的灌木和苔藓、地衣等一同构成了北极苔原的脆弱植被。

P230左下：北极狐在岩石上休息，它们栖息在公园里的高山苔原和针叶林中，以旅鼠、兔、鸟、浆果等为食。

树。这些树木生长在波弗特海沿岸30千米以内的区域，为加拿大最北端树木的代表。

西北地区北部的多样化植被为各种耐寒能力强的野生动物提供了繁衍之地。这里的动物有北极熊、灰熊、驯鹿、麝牛、北极狼、北极狐、北极兔等，其中最具代表性的是北极熊，憨态可掬的它们已经成为北极地区的象征。在这里，你可以通过望远镜观察灰熊在岸边觅食，可以倾听雄鹰在雨林树巢中唳鸣，可以饱览驯鹿在苔原上浩浩荡荡迁徙时幼鹿在母鹿的身旁欢跃前行的壮观而感人的场景，可以惊见雪雁漫天飞舞几可蔽空的雄奇场面……

除了可爱的动物外，这里还有神秘罕见的自然景观——午夜日照和北极光。夏季，正值伊努维克国家公园的极昼。欣赏难得一见的灿烂的午夜阳光，有种奇异的感觉，好像时间和空间的概念都变了：太阳一直在低空划圈，没有“日

落”，没有“黎明”，人称“夜半太阳国”。如果你足够幸运，说不定还能遇到可爱的北极狐和其他小动物。然而，冬季有太阳的时间却只有短短的几周，厚厚的积雪和冰冻的海面把这里变成纯白的世界，呈现出与夏季截然不同的景象。

北极光是这里最为壮观的大气光学现象，一年四季都会出现，不过只有在漆黑夜空的背景下才能看见它们。北极光是太阳的带电粒子进入地球大气层与大气中的分子碰撞之后形成的。我们在地面上看到北极光有白、黄、绿、红等不同的颜色，是带电粒子与不同种类的大气分子碰撞产生的。漆黑的天空中发出的淡淡光芒，就像是在风中飘动的布帘。在漫长的极夜里，极光是这里最美的风景。为此，人们甘愿在寒冷和黑暗中苦苦等待几个小时，甚至几天。当那梦幻般的光幕在眼前飞舞的时候，大自然的力量与神奇会让你将一切疲劳都抛诸脑后。

P230～231：从高处俯瞰，夏季的伊努维克国家公园绿意盎然、生机勃勃，植物在短暂的温暖季节努力生长、储存能量，以度过漫长的严冬。

The Banff National Park 班夫国家公园

落基山脉的灵魂

P232：班夫国家公园成立以来，自然环境受到严格的保护，大片的森林与荒野保持着原始的自然状态。

P233左：班夫国家公园环境静谧，卡纳纳斯基村的山地湖泊沐浴在温柔的晨光中。

P233右：加拿大落基山脉的一排排雪峰被朝阳照亮，闪耀着莹白的光泽。

1883年，三位加拿大铁路工人在工程结束时发现了一个冒着刺鼻气体的山洞，勘察后发现了硫黄温泉，他们便在这里做起了硫黄温泉浴的生意。消息很快流传开来并受到广泛关注，当地政府部门于1885年11月28日将这一温泉四周26平方千米的地域确立为国家公园。它是加拿大第一个、世界第三个国家公园。随着公园逐年扩大，最终发展成为今天面积达6 641平方千米的班夫国家公园。

班夫国家公园位于艾伯塔省卡尔加里市以西约100多千米处，是进出落基山脉的门户。在这里，冰雪覆盖的茫茫群山上有1 000多条冰川，河谷中树林茂密、河流清澈，班夫和路易斯湖边还有两座迷人的小镇，因此这里成为落基山脉最具魅力的地方。1984年，它和邻近的贾斯珀国家公园、约霍国家公园、库特尼国家公园、汉博省立公园、阿西尼博因山省立公园、罗伯森山省立公园以“落基山公园

群”的名称列入“世界自然遗产名录”。

班夫公园与黄石公园一样坐落在落基山脉中，然而它们一北一南，却是一冰一火两种风情。黄石公园遍布火山熔岩，班夫公园却拥有数量众多的大型冰川和冰原。在黄石公园，人和野生动物互不往来；而在班夫公园，人和野生动物和谐共处。这里的驼鹿、狗熊、鸟类等各种野生生物都禁止捕猎，因此游客时常可以看到动物们在此自由地出入，甚至在班夫和路易斯湖边的街道上可以看到随意漫步的麋鹿。

班夫镇坐落在班夫国家公园中心，是加拿大落基山脉中最受欢迎的观光点，被誉为“落基山脉的灵魂”。它依偎在雄伟的高山和碧绿的湖水之间，天然美景众多，最著名的自然要数弓河瀑布了。在雄伟的班夫温泉酒店下方，弓河从此处倾泻而下，冲刷着受到侵蚀的石灰石岩层，形成咆哮壮美的瀑布。它是著名影星玛丽莲·梦露主演的电影《大江东去》（《*River of No Return*》，又译为《不归河》）的外景地，弓河瀑布也因此声名远扬。

从班夫镇出发，只有50多千米的行程，就到了班夫国家公园的中心路易斯湖。这是加拿大最富生命力的自然景观，加拿大人视此湖为国宝。不用担心硬朗的落基山会让人产生距离感，因为流淌在山脉中的碧绿湖水在柔化着它那坚硬的身躯，水的细腻，会在不经意间带动眼前的美景一起流入你的心田。之所以说路易斯湖是最美丽的湖泊，是因为它那巍峨的雪山背景和秀美的湖边景色。路易斯湖坐落在两座山峰之间的山坳中，长约2 400米，宽约500米，海拔1 731米，深达90米。从湖面望去，可见一座伸向远处的巨大雪山，这就是海拔3 464米的维多利亚女王雪山。山上终年积雪，形成维多利亚冰原，成为路易斯湖美丽的背景，和路易斯湖水的源头，造就了路易斯湖的绝美景观。湖畔四面环山，密密丛丛、整整齐齐的树林从湖边一直延伸到山腰，湖周围有白杨、松、枞和云杉等各种树木环绕。8月中旬的路易斯湖，还有盛开的花朵和茂盛的草丛。

路易斯湖是由冰河侵蚀的洼地汇聚冰川融水而形成的冰川湖。由于冰原水通过山脉渗透到路易斯湖，湖水含有丰富的矿物质。路易斯湖的神奇在于湖水呈淡淡的翠绿色，但是又含有一丝乳白，看上去极其诱人。而且所站位置不同、时间不同，看到的湖水的色彩也不同。从远处望，湖水如翡翠；从高处望，湖水呈深绿。如果落基山只有山，而少了湖水的相依，该是什么样子？是不是再雄伟连绵

P234左上：班夫国家公园是户外运动爱好者的天堂，攀冰者单手悬挂在冰洞中，用自己的方式与大自然亲近。

P234左下：班夫国家公园拥有数量众多的冰川。冰川从高山间蜿蜒而下，在它的末端，融水便汇集成湖泊。

P234～235：班夫国家公园拥有落基山脉最美丽的风景，暮光照在冰雪覆盖的高山上，和碧绿的湖水相互辉映，让人流连忘返。

也无法深入记忆？就好像没有了声音，再好的戏也无法表现一样。

有人说，在班夫公园不看冰川就等于没有来过。这里拥有数量众多的大型冰川和冰原。冰川和冰原还是有区别的。冰原形成的条件是降雪的速度大于消融的速度，此时雪层不断加厚，当雪的深度超过30米之后，底层的雪受到压力的作用便形成冰块，这样年复一年，更多的雪降落到山顶，冰层越来越厚，冰川学家将这种大面积的冰层称为冰原。高山形成的冰层凭借压力和重力的作用向下流动，形成冰川。只不过冰川里流动的是冰而不是水，难以用肉眼观察到，所以当人们站在冰川上时，根本感觉不到它的移动。

这里最具特色的要数哥伦比亚冰原中的阿塔巴斯卡冰川了。哥伦比亚冰原每年降雪量厚达10米以上，是形成冰原的有利条件。哥伦比亚冰原面积广达325平方千米，平均海拔高度3 000米，是落基山脉中最重要的冰原。它形成于7.5万年前到1.1万年前。阿塔巴斯卡冰川长5 300米，落差600米。由于冰川表层流动较快，上下冰层压力又不同，因此容易产生巨大的冰缝，估计有3万条左右。据说历史上阿塔巴斯卡冰川曾一度向北流到现在的贾斯珀镇，与其他冰川汇合后，向东进入大草原区，向南流过卡尔加里，全部流程数百千米。随着全球变暖和冰雪消融的加剧，这样壮观的景色已经一去不复返了。

P237上左：班夫国家公园生活着众多的野生动物，雪羊是最常见的一种。图中的雪羊带领羊羔在陡峭的山坡上攀爬。

P237上右：在班夫公园到落基山脉的弓河谷景观道上，有各种鸟类在林间欢唱。图中是一只乌林鸮，它栖息在树枝上，睁大眼睛搜寻猎物。

P236～237：落基山的森林中，一群加拿大马鹿在冬雪覆盖的大地上寻找食物。这里的冬日白昼短暂，密林中更加幽暗，马鹿臀部的白色斑块像一颗颗心，在树影里跃动。

The Niagara Falls

尼亚加拉瀑布

雷神弹奏的乐章

P238下左：从空中俯瞰，尼亚加拉河河道突然一个急转弯，绿色的河水从断崖骤然陡落，激起大量白色浪花，形成壮观的大瀑布。水汽在阳光照耀下，形成一道美丽的彩虹。

P238下右：冬季，尼亚加拉瀑布开始结冰，虽然庞大的水势让它不会完全冻结，但河道的两岸却披上了一层洁白的冰雪外衣。

P239：尼亚加拉瀑布水量充沛，从山崖倾泻而下的水流激起大量的白色水雾，发出巨大的轰鸣声，被喻为“雷神在说话”，十分贴切。

地球上有着众多的瀑布，但能以每秒6 000多立方米水流倾泻而下、气势磅礴犹如万马奔腾、让人觉得瞬间就要被这铺天盖地般的气势所吞噬的瀑布却屈指可数。在美国与加拿大两国交界的尼亚加拉河上就有这样一个闻名于世的大瀑布——尼亚加拉瀑布，有“天下奇景”之称，与伊瓜苏瀑布、维多利亚瀑布并称为世界三大跨国瀑布。

尼亚加拉河是一条从伊利湖向北注入安大略湖的河流，全长仅54千米，海拔却从174米直降至75米，上游河段河面宽2 000～3 000米，水面落差仅15米，水流也较缓。河水流至距伊利湖北岸32千米处，河道开始变窄，水流加速，在一个90度急转弯处，河道上横亘了一道石灰岩构成的断崖，奔腾的河水在此骤然陡落，水势迅猛，声如雷鸣，形成了闻名于世的大瀑布。

尼亚加拉大瀑布的中央有一座多面的小岛，将瀑布分为一大一小两个部分。西边的瀑布在加拿大境内，宽790米，落差56米，弯成巨大的半圆形，形似马蹄，因而称为马蹄瀑布，水量占该瀑布的85%以上；东面的小瀑布称为美国瀑布，在美国境内，落差55米，只有305米宽，水量不及整个瀑布的15%。

尼亚加拉瀑布的壮观在于“声”与“势”。“尼亚加拉”在印第安语中意为“雷神之水”，印第安人认为瀑布的轰鸣是雷神说话的声音。实际上在他们还未见到瀑布之前，就已听到持续不断酷似打雷的声音，故称为“Onguiaahra”（后

演变、缩略为Niagara），意即“巨大的水雷”。游客可以从多种角度欣赏瀑布的风采，可以登上著名的86米高的“观景台”，将尼亚加拉大瀑布一览无遗；还可以沿着山边的崎岖小路，前往“风岩”，翘首仰望飞流直下的大瀑布。若要正面观赏大瀑布的全景，最理想的地方就是站在彩虹桥上。桥跨瀑布下游的尼亚加拉河，在桥上步行几分钟便可从美国走到加拿大。相传拿破仑的兄弟曾从新奥尔良搭乘马车到尼亚加拉瀑布度蜜月，这一做法被人们纷纷仿效，每年到这里观光的有不少是新婚宴尔的年轻人，使得尼亚加拉瀑布蜜月之旅成为潮流，亦为该地的一大特色。因而彩虹桥又获得“蜜月小径”这样一个美称。

为了让游客更好地观看尼亚加拉瀑布的全景，这里错落有致地分布着四座高大的瞭望塔，三个在加拿大境内，一个在美国境内。距离瀑布最近的一座是施格林瞭望塔，高达百余米，通往塔顶瞭望台的电梯一半镶着玻璃。登塔俯瞰瀑布，仿佛一幅波澜壮阔的巨画从天宇直垂到地平面。

美、加两国还在尼亚加拉河两岸各建造了一个码头，配备了四艘游船，每艘能载数百人，大瀑布总是敞开胸怀欢迎所有的来访者，而乘客则会在暴风雨般的水珠中，随着雷鸣般的水声兴奋地欢呼。正如19世纪英国著名作家狄更斯在游览尼亚加拉瀑布之后在他的《美国札记》中描绘的那样：“……我感到我自己像是腾空飞起，进入天堂……”

The Monument Valley 纪念碑谷

红与蓝交织的远方世界

P241上左：在平坦的红土地上，有两座巨岩突兀地耸立着，这就是纪念碑谷的手套山，因形似棒球手套而得名。

P241上右：纪念碑谷是一片荒漠包围的红色台地和孤丘，岩石被大自然之手雕刻成一座座孤立的岩柱，无言地讲述着这里的沧桑巨变。

P240～241：在科罗拉多高原上，孤峰岩石景观已成为"美国西部风光"的代表。不同时刻的岩石景色，成为摄影师期待的拍摄对象，图中一辆汽车穿越纪念碑谷时，沙漠映照的孤峰美景被长曝光拍摄了下来。

美国电影《阿甘正传》中有一个经典情节：阿甘在他母亲去世之后不停地奔跑，从美国的东海岸一直跑到西海岸，当跑到163号公路时，他突然停住脚步，并对一群追随者说："我要回家了。"只见他那一尺多长的白色胡须飘扬在金色的阳光中，而背景则是一个暗红色的石碑群。这个画面里的石碑群就是世界闻名的美国纪念碑谷（Monument Valley）。

纪念碑谷横跨美国的亚利桑那州，是美国科罗拉多高原一个由砂岩形成的孤峰群区域，属于印第安人纳瓦霍（Navajo）部落的保留地，也是美国最大的印第安保留区。虽然纪念碑谷不是国家公园，但它在美国却和科罗拉多峡谷、黄石公园一样有名。这是因为自19世纪30年代开始，这片由荒漠包围的红色台地和孤丘，在电影、广告和旅游宣传片中常常露面。最著名的是美国导演约翰·福特在此拍摄的《关山飞渡》（一译《驿站马车》）、《搜索者》等多部大片。一旦置身其中，纪念碑谷里那些更具个性、更密集、色彩层次更丰富的孤峰和台地会令你更加振奋。

纪念碑谷是科罗拉多高原的一部分，并非真正意义上的河谷或山谷，而是一个巍然屹立在红色荒漠中的风化岩柱群。这些岩柱高达300多米，大的称为方山，小的只有几十米，称作孤丘。它们可以清楚地分成多个岩层，其鲜艳的红色来自风化砂岩暴露出的铁氧化物，较暗的蓝灰色则来自氧化锰，它们相互交错，组成自然界的另一番景象。

两亿多年前，这个地区是一个多风的红色沙漠，后来被海洋淹没，其上泥浆不断淤积，形成厚厚的泥层。经过高压作用，变成红色砂岩和页岩。大约6 500万年前，地壳逐渐抬升，海床变成广袤平坦的高原，地壳运动在页岩上撕开条条裂缝，流水和风无孔不入地侵蚀着下层的砂岩。裂缝不断加深变大，塑造出一道道峡谷和沟壑，砂岩阶地被逐渐削割

P242：纪念碑谷的岩石总体颜色偏红，间或有一些深蓝、灰色的纹路。拱门造型多种多样，十分具有观赏性。

成了高原和台地，而高原和台地的残余最后出落成方山、孤丘。它们犹如柱子、尖顶、烟囱、摩天楼、城堡和寺庙等一些具有象征意义的建筑，故地质学家将这里誉为“纪念碑谷”。穿行在谷底，抬头仰望那些拔地而起的巨石，暗红色的石壁、石柱和石笋背靠着蓝天、白云，就像一尊尊巨大的雕塑矗立在红色的原野上。这种自然美，远超出人类的想象力。

“纪念碑”由于各种各样的形状而被冠之以五花八门的名字，如“太阳眼”“风之耳”“城堡岩”“窝中鸡”等等，其中最恰当的名字可能要数“手套山”了，这是两座比肩而立的巨大山丘，每座山丘都有一根狭长的岩柱，犹如“大拇指”，旁边宽大独立的岩体，就是其他“手指”了。 这些大大小小的景

观，无语地耸立于荒野，给人一种神秘威严之感。难怪印第安人把它们当作神灵加以崇拜。

纪念碑谷地区一直是印第安人的家园，其历史可以追溯到公元前1.2万年。早期在这里活动的主要是猎人，而后阿纳萨齐（Anasazi）印第安人来此定居，并首次在山崖上修建住所。公元1300年左右，阿纳萨齐人突然神秘消失了，纳瓦霍印第安人进驻了这里。对印第安人来说，这些巨石都具有上苍赋予的神力，因此，这片土地是一块神圣之地。现在大约还有300名纳瓦霍印第安人以纪念碑谷地区为家，旅游收入是他们生活的主要来源。

P243：方山是纪念碑谷中最有代表性的景观，特征是山顶平坦，有拔地而起之势。图中远方背景是东、西手套山。

The Yellowstone National Park

黄石公园

水与火熔铸的美景

P245上：黄石公园拥有丰富多样的景观，除了著名的间歇喷泉，这里也不乏高山、峡谷，以及玉带似的瀑布在山间流淌。

P244～245：大棱镜温泉的边缘浅滩在夏季呈现出浓烈的橙红色，像火焰从蓝色的温泉周围延伸出去。这是美国最大的温泉，富矿水体中的藻类和微生物产生不同色素，呈现出鲜艳夺目的色彩。由于不同微生物对于温度喜好不同，温泉边沿的颜色也随季节变化而变化。温泉中心约70℃的水温不适合微生物生存，因此这只"黄石大眼睛"的"瞳仁"总是保持水本身的深邃蓝色。

"黄石"因河两岸的岩壁都为黄色而得名。这是一处景色非凡之地。1807年的冬天，一位猎人独自闯入这里，他被惊到了。这里有从地下喷发出的热气腾腾的温泉，而周围却是–40℃、被冻得结结实实的冰原。野牛从高原上艰难走过，鹿群被迫冒险穿越狼族的领地，它们用各自的方式度过异常寒冷的冬天。如此奇特的景观受到美国总统尤利西斯·辛普森·格兰特的重视，1872年3月1日，黄石被设立为全世界第一个国家公园。根据当时美国国会法案，黄石公园"为了人民的利益被批准成为公众的公园及娱乐场所"，同时也是"为了使它所有的树木、矿石的沉积物、自然奇观和风景，以及其他景物都保持现有的自然状态而免于破坏"。

黄石国家公园地处美国西北部，绝大部分在怀俄明州内，极少部分在蒙大拿州和爱达荷州。公园面积8 892平方千米，比美国的特拉华州和罗得岛州加起来还大，相当于我国台湾省的1/4。公园平均海拔2 400米，黄石河、黄石湖纵贯其中，其景观有峡谷、瀑布、温泉和间歇喷泉，野生动物有灰熊、狼、野牛和麋鹿等，人们将这种水与火熔铸而成的原始景观称为"地球表面最精彩、最壮观的美景"。

科学家们发现，黄石公园正好位于北美落基山脉心脏的深处——地球的"热点"之上，就在黄石公园地表以下较浅的地方，热流和熔岩活动极为活跃。据考证，早在60万年前一次大规模的火山喷发时，公园的中心形成了一个面积45×75千米的火山口，这也是世界上最大的火山口。地下深层熔岩为热泉提供了充足的能量，滚烫的熔岩加热了地下的泉水，泉水从地表裂缝流出或喷出，使这里汇聚出1万多个地热景点，其中间歇泉多达150个以上，全世界其他地方所有的间歇泉加起来，总数还没有一个黄石公园的多。这些间歇喷泉喷射出高高的水柱，冒着滚滚蒸汽，十分壮观。水柱一般直径1.5～18米不等，高度在45～90米，巨大的冲击力使水柱

P246: 地下水中的硫元素随着泉水涌出地表，给大地染上了一层浓重的色彩。

P247: 猛犸温泉群的钙华滩台地从洞石坡顶一直延伸到山脚下，几颗枯死的松树陷在白色的碳酸钙结晶壳中，仿佛正在对布满晚霞的天空发出呐喊。

在这样的高度上持续数分钟，或几十分钟。最著名的就数“老忠实泉”了，它的喷涌很有规律；从发现至今的100多年间，平均每隔33～93分钟喷发一次，每次喷发持续1.5～5分钟，水柱高32～56米，故有“老忠实泉”的称号。这些间歇喷泉无论季节、天气怎么变化，都没有改变其腾起与沉落的节奏，而各种温泉和喷气坑更比比皆是。原来，火山爆发后表面看似恢复了平静，但是埋在地下几千米的岩浆，却不时奋力地左冲右突撞击地壳。当雨雪渗透到地下，经过岩浆加热，蒸汽压力加大，热水便会通过缝隙呼啸喷出。待能量释放后便停下来，等待能量集聚后再次喷发，周而复始，就形成了间歇喷泉。

间歇喷泉分布密集的地域，被称为间歇喷泉盆地，它们大多位于中央高原上的开阔谷地。黄石公园的谷地如同大自然的厨房，将火、水、气体以及各种矿物质混合在一起，加热后沿着山崖、沿着裂隙喷涌而出，使偌大的黄石公园，处处炊烟四起。

黄石湖海拔2 345米，是美国最大的高山湖泊，面积350平方千米。蔚蓝的湖水倒映着皑皑雪峰和绿色森林，湖面上白色的天鹅自由地游荡，令观赏者们心旷神怡。由黄石湖流出的水形成黄石河，切穿火山岩石，长期的强力冲蚀形成了气势磅礴的大峡谷，深度达60米左右，宽约200米，长达32千米。这段险峻的峡谷形成两个汹涌奔流、动人心魄的瀑布，即上瀑布和下瀑布，上瀑布的落差有130米，下瀑布的落差有100米。然而，在这一著名的河段中，最引人入胜的既不是峡谷的深度和形状，也不是汹涌奔流的瀑布，而是两岸那光怪陆离、五颜六色的火山岩。

黄石公园85%的区域都覆盖着森林，且绝大部分树木是扭叶松。在这样一个山火肆虐的地方，扭叶松何以如此强势，并逐年扩大自己的地盘呢？这其中的秘

P248～249：黄石公园地广人稀，大部分地方保持着原始的自然状态，是大量野生动物的家园。郊狼作为美国西部整个生态系统健康的维系者，同时也是美国西部的动物明星，经常出现在西部文学和影视作品中。

P249右上：雄性马鹿在森林里张望，它硕大的鹿角是健康与地位的象征，也是在配偶争夺战中的重要武器。

P249右中：出生不久的美洲黑熊练习在冷杉上爬树，这是它日后独立生活必备的技能。美洲黑熊长大以后，身长能超过2米，是黄石公园里最威严，也是最危险的动物。

P249右下：在黄石公园内，生活着体型庞大的北美野牛，公园里的温泉，是它们经常光顾的地方。

密就是他那坚不可摧的松果，扭叶松的树皮很薄、很脆，很容易燃烧，但它的松果却无比坚固、紧闭，而储藏在松果里的种子就得到十分安全的保护，松果可以将种子保存3～9年。大火只能吞噬松叶和充满松脂的树皮，而被熏黑了的松果，一旦浓烟散尽，它们就会崩裂开来，将储藏其中的种子播撒在广阔的土地上，于是新的一代便从灰烬中萌发，为黄石公园再次披上生机勃勃的绿装。

来观赏黄石公园美景的人们，或赞美，或敬畏，或惊诧，或感叹，或沉思，都在不同程度上领悟着大自然的原创艺术……

The Natural Arches 天然拱门

岩石艺术的世界之最

P250下左：景观拱门被认为是全世界最长的天然拱门，目前仍在不断坍塌，岩块不断掉落，不知这一景观还可以存在多久。

P250下右：拱门国家公园里有大量造型奇特的巨石，形态各异，让人感叹大自然的鬼斧神工。

P251：峡谷地国家公园的梅萨拱门是观赏日出的极佳景点，吸引着众多摄影爱好者和游人来此一睹日出胜景。

美国犹他州南部是世界上规模最大的天然砂岩拱门集聚地。这里汇集了全世界一半以上的天然石拱。已有记录的大大小小的砂岩拱门超过2 000个，其中最小的不到1米宽，最大的则长达100米。1929年4月12日，美国将此设立为国家纪念地，但直到1971年才将其列为国家公园。

进入公园，在一紫红色的陡峭岩壁上有一组形态各异的象形景观，诸如大象、眼镜蛇、乌龟等，一个个惟妙惟肖，十分动人。再往里走就是公园大道，其名来源于纽约的同名大道。因为这里的巨石直上直下耸立在约千米长、百米宽的通道两旁，极像高楼林立的纽约公园大道，走进其中，天也变成了一个长条了。

天然拱门，是砂岩经过风化之后自然形成的如拱门一样的景观。据考证，整个拱门国家公园坐落在几百米厚的地下盐床上。3亿年前，这里还是一片汪洋，后来，海水逐渐蒸发形成厚厚的盐层，其上又沉积了几百米，甚至是上千米的沉积物。在地壳隆起变动的过程中，地表积水凿穿下面的岩层，形成了无数个坑洞。后经亿万年的风雨侵蚀，才雕刻成无数天然拱门、尖石塔、平衡岩、鳍状岩，以及天生桥等风蚀地貌。水、冰、极端的温度变化和地下盐的运动共同将巨厚的岩石雕刻出这些特殊的景观。直到今天，新的拱门仍在持续生成，与此同时，老拱门也在慢慢地坍塌。

高达20米的精致拱门（Delicate Arch）是公园的镇园之宝。论个头它不是最大的，却是最有名的，是犹他州的天然标志。2002年冬季奥林匹克运动会圣火传递时，专门安排在精致拱门下通过，可见其非同一般。这是一座令人震撼的拱门：当你站在它面前上下打量时，会发现一侧拱柱渐渐变宽，稳健地“踏”在下面巨大的石坡上，而拱门的另一侧温柔地低垂着，与下面一块凸起的石块轻轻相吻。待到夕阳一点点消失时，一道柔和的鲜红色洒在拱门身上。

魔鬼花园里的景观拱门是另一道风景。它长达100米，是公园2 000多个拱门中跨度最大的，也是全世界最长的天然拱门。其最薄处只有1.8米，外形宛如一条细长的带子，看起来极其优雅。从下面仰望，整座拱门像是悬浮在半空中，摇摇欲坠，似乎随时可能塌下来。

有一处别具一格的景点，称为“窗口”，由两个相距不远可以透视的洞穴组成，一南一北，分别命名为南窗和北窗，看起来像是一对眼睛。这种一拱、双拱，甚至是三拱的景点比比皆是，形状千奇百怪。

这里不只有拱门，还有数量众多的大小尖塔、基座和平衡石等奇特的地貌景观。平衡石也是拱门国家公园的标志之一，从不同的角度看，平衡石忽而像长裙拖地的古装美女，忽而又像一朵蘑菇，她的倩影经常出现在摄影师的作品之中。

The Grand Canyon

科罗拉多大峡谷

世人眼中的峡谷奇观

P253：晨曦照耀在科罗拉多大峡谷的南缘，为崇山峻岭染上了红、橙、黄等暖色，使粗犷的大峡谷也变得温馨起来。

旭日东升，将温暖的光芒洒向科罗拉多高原上的崇山峻岭。极目远眺，绵延起伏的山岳在艳阳下泛着金红色和橘色的光泽，雄伟壮观的科罗拉多大峡谷两侧红褐色的砂岩和棕黄色的石灰岩交替出现，在空旷而蔚蓝的天空下，罕见的加利福尼亚兀鹰优雅地掠过上千米深的峡谷，翱翔长空。站在悬崖边俯瞰，脚下一眼望不到底的深谷令人目眩，而阵阵强劲的山风推动着山谷间飘浮的白云，给人一种虚无缥缈的意境。悬崖峭壁阴影中的深渊谷底，百米宽的科罗拉多河床犹如一条洒落在深山谷底中的缎带，曲折蜿蜒，波光粼粼。奔腾不息的急流荡涤着浑浊的泥沙，冲刷着千年的岩层，切穿峭壁峻岭。这里就是位于美国亚利桑那州西北部高原上既雄伟壮观又绮丽多姿的科罗拉多大峡谷。

科罗拉多大峡谷全长446千米，峡谷顶部宽6～29千米，平均深度1 600米，最深处1 800米，最窄处宽度只有约120米。美国国会在1919年立法，将大峡谷中最深、景色最壮观的长约170千米的一段及周围山区划为国家公园，总面积为2 728平方千米；1975年，总面积扩大至4 929平方千米。1980年，大峡谷国家公园被列入“世界自然遗产名录”。

大峡谷国家公园分为南北两部分。公园南侧海拔在2 134米以上，观景点比较集中，全年开放，很方便游客驾车游览，多数游客参观大峡谷国家公园都来这里。也有游客从亚利桑那州的北部驱车到北缘参观大峡谷。北缘海拔比南缘高，平均海拔2 700米，自然环境保持着比较原始的状态。冬天积雪较厚，因此只在5～10月份开放。

公园成立近百年来，已经逐步建立了完善的步行栈道和驾车游览路线。游人可以徒步，或骑骡子下到千米深的谷底，或乘坐直升机鸟瞰大峡谷的全貌。乐于挑战的勇敢者还可从科罗拉多河的上游搭橡皮舟漂流而下，经水路进入大峡谷国家公园。大峡谷中，有刀切剑削般的悬崖峭壁和辽阔壮观的雄伟山峦挑战你的视觉极限，还有因侵蚀形成的栩栩如生的天生桥和各种台、柱、堡等满足你的艺术审美。那些天生桥由鲜艳的橙红色砂岩构成，在蓝天白云的衬托下，凌空横架，很像天边美丽的彩虹。在犹他州格林河流入科罗拉多河入口附近，汇聚有124座天生拱桥，拱口形状多种多样，令人眼花缭乱。大自然在不经意间又一次让人类震撼于它的鬼斧神工。

纵观大峡谷两岸悬崖峭壁上巨厚的岩层断面，就像阅读一部地球发展演变

的史书。人们可以乘直升机从峡谷顶部垂直下降到谷底，在短短几分钟内就可以“翻阅”大峡谷这部巨厚的“地质史教科书”，它将十几亿年的地质演变过程尽现在你的眼前，地质岩层剖面复杂的结构和多变的色彩让你在“穿越”地球亿万年地质史的同时有一种梦幻般的享受和惊险的刺激。

从近20亿年前到6亿年前，大峡谷地区的地质地理环境经历了两次沧海桑田的巨变。在大约7 000万年前才奠定了古老的科罗拉多高原。科罗拉多高原由于地壳活动而被缓缓托起，在500万年间升高了1 000米。与此同时，科罗拉多河数百万年以来也不断地侵蚀、冲刷、下切，河流的排水系统不断地深深切割着岩石地层，形成了无数的悬崖陡壁。岁月沧桑，天造地设般造就了科罗拉多大峡谷的雄奇。

然而，大峡谷的意义并不限于它的地质景观。国家公园由几个主要的生态系统组成，展现了北美洲七个自然生物区的五个区和四大沙漠类型中的三个类型的特征。由于峡谷的高落差，由上而下形成了不同的气候带，其丰富的生物多样性是大峡谷献给人类的又一珍贵资源。公园内已经发现超过1 500种植物，355种鸟

类，89种哺乳动物，47种爬行动物，9种两栖类动物和17种鱼类。作为生态避难所，公园还有寒带森林和荒漠河岸植物群落等相对未受干扰但已经退化了的生态系统的残余。这里生活着许多稀有的、仅见于大峡谷的地方性物种，因而成为特殊物种和濒危动植物物种的家园。

峡谷底部宽度一般小于1 000米，最狭窄的地段仅约120米。峡谷底部的科罗拉多河水面宽不到1 000米。20世纪中叶，为了给位于西南大荒漠中的拉斯维加斯市提供水源，在大峡谷上游和下游的科罗拉多河上建造了两座大水坝截流蓄洪，形成两个巨大的人工峡谷湖泊。这些水坝限制了鱼和其他生物的活动，使一些珍稀鱼类濒临灭绝。更重要的是，大峡谷的奇特地形是过去由大洪水冲刷塑造出来的，如今大坝拦截了所有洪水，不仅水流变慢变小，也大大减少了洪水带来的泥沙，使大峡谷底部的许多沙滩都在逐渐消失。地形和水文状况的改变，直接影响到大峡谷的生态环境。如何恢复和保护大峡谷的原始地貌和生态环境，成为科学家们研究的课题。

P254～255：从大峡谷顶部俯瞰科罗拉多河，奔腾的急流冲刷、侵蚀着两岸的岩层，切削出陡峭的峡谷。

P255右上：干涸的谷底，生长着耐旱的植物，带刺的仙人掌在短暂的降雨后，显露出朝气蓬勃的生命之绿。

P255右下：岩层如同一本地质历史书，向人们讲述沧海桑田的巨变。科罗拉多大峡谷的岩石被科罗拉多河切开，露出更加远古的地层。

Yosemite National Park

约塞米蒂

上帝装扮的美景

P256: 薄雾中的约塞米蒂国家公园显得有些神秘，幽暗的针叶树林前，几株落光叶子的白杨树静静地等待春天的到来。

P257: 约塞米蒂著名的半圆顶景观。

在美国，有一句颇具鼓动性的口号——“尽情感受你的美国吧”。这句话来自一座著名的公园，这座公园与黄石国家公园和大峡谷国家公园齐名，位于美国加利福尼亚州东部、内华达山脉的西麓，1890年建成，占地面积达2 849平方千米，它就是约塞米蒂国家公园。

在这里，你可以感受到无数的壮观美景，既有挺拔陡峭的山崖，又有溪流潺潺的深谷；既有古老尘封的冰山，又有飞泻而下的瀑布；既有野花盛放的草甸，又有巨杉矗立的森林……难怪美国一位知名的博物学家约翰·缪尔感叹“上帝似乎总是在这里下功夫装扮美景”。

约塞米蒂国家公园以约塞米蒂峡谷（Yosemite Valley）闻名于世。峡谷里有一个叫蝴蝶林的地方，生长着大片的美洲杉，这是一种非常稀有的树种，受到美国总统林肯的青睐和重视，于1864年下令将这片区域划为自然保护区，约塞米蒂也因此被视为现代自然保护运动的发祥地。1984年，联合国教科文组织将其列入“世界自然遗产名录”。

今天的约塞米蒂一带，远在5亿年前还是一片古老的海洋，里面沉积了厚厚的物质。在地质活动中这巨厚的沉积层遭到挤压、扭曲、抬升，最终被推到海平面之上。与此同时，岩浆从地壳中升起，并在沉积层下慢慢冷却，形成花岗岩层。千百万年的冲刷、侵蚀活动带走沉积物，留下坚硬的花岗岩岩层，也就是今天的内华达山脉。裸露的岩体在冰川和流水的不断侵蚀下，刻画出今天的面貌。

约塞米蒂的海拔高差很大，造成了很多悬崖峭壁，每年五六月份积雪融化的时候，就会形成数量庞大的瀑布，所以每年春暖花开之时是观赏瀑布景观的最佳季节。在所有的瀑布中，有两处最为著名，一处是约塞米蒂瀑布，落差740米，为北美最高，在世界上排名第五，实际上由三段相互衔接的瀑布组成。当瀑布水量充沛时，气势惊人，整个峡谷都能听到它的轰鸣声。另外一个瀑布叫新娘面纱，这是一个神秘而美丽的名字，令人神往。当水流至半山腰散开时，在微风的吹动下，形成一层薄薄的水雾，飘飘洒洒，很快就会将全身打湿。若是站在高处远远望去，那薄薄的瀑布如同一层面纱随风摇曳，使游客越发感到面纱背后的神秘。当地的原住民部落阿瓦尼奇人相信瀑布后面是精灵的聚居地，认为这种精灵的名字叫“波霍诺”（Pohono），意思是微风中的精灵，这些精灵负责镇守整个峡谷。在阿瓦尼奇人的心中，该瀑布是神灵，如果你深深地吸入几口瀑布的水雾，可帮你改善不利的婚姻。是否真有奇效，只有去过才知道。

除了水瀑布，约塞米蒂还有一种独特的景观叫火瀑布。这个现象出现在酋长岩的马尾瀑布，水流好似炙热的熔岩，从埃尔卡皮坦山陡峭的花岗岩崖面飞奔而下。火瀑布发生在每年2月末的黄昏时段，尤其是天气晴朗日落西山的时候。

P258：马尾瀑布的两道纤细水流从岩缝中平淡无奇地淌下，但在每年二月下旬的特定的日子里，夕照恰恰投射在飞流上，溪流与弥散的水雾仿佛燃烧起来，形成著名的“火瀑布”奇观。

P258～259：约塞米蒂国家公园的风景以约塞米蒂峡谷最为著名，这里有美洲杉树等珍稀树种。图为黄昏时暮霭中雾气朦胧的峡谷，酝酿出一种迷人的美。

它实际上是阳光照射在奔流的瀑布上产生的光学现象，是一种视觉奇观。这种现象必须是阳光从某一特定的角度射入才能产生，所以这是一个可遇而不可求的现象，有的人宁肯花费数年的时间往返于峡谷之间，就是为了能够见到这个火瀑布奇观。

约塞米蒂峡谷全长超过15千米，最宽处约1.6千米，最窄处只有0.8千米，蜿蜒的梅塞德河贯穿其中。整个峡谷呈U字形延伸，左边屹立着著名的酋长岩，右边是美丽的新娘面纱瀑布，在浓雾中雄伟的酋长岩若隐若现，默默地守候着面纱之后的新娘。这块酋长岩高达1 100多米，据说是目前世界上发现的最大的整块花岗岩石，中间没有任何断面，哪怕用巨石这个词来形容它也会略显不足。整个岩石高大挺拔，险峻坚毅，彰显出岩石的阳刚之美。

约塞米蒂山峰林立，其鬼斧神工似的花岗岩山峰让人除了惊叹之外还会心

生敬畏。这里有三座一字排开的山峰，人们称它们为三兄弟峰。它们并肩屹立，正气凛然，像三个印第安勇士，威风凛凛。作为约塞米蒂的招牌景点之一的半圆顶，其形状像拜占庭式建筑的圆屋顶从中间切去一半的样子，故名半圆顶山。半圆顶是公园里最高的山峰，海拔3 000米以上，比周围其他山峰至少要高出1 000米左右。这一高度使它耸立在众山之上，当夕阳西下，其他山峰都已笼罩在灰暗之中时，唯有这座光滑圆润的半圆顶在斜阳的映照下散发着金色的光辉，令朝圣者仰慕。

半圆顶有着斜度超过90° 的垂直面，因此也吸引了很多攀岩爱好者前来挑战。约塞米蒂也因为有众多高大陡峭的岩石而成为专业攀岩者心中的圣地。当然，一般游客也可沿着公园管理处专门开辟的一条小路攀登，路旁加上了保护性的缆绳，只要体力能够撑得住，你就可一享登顶的快乐。

The Blue Holes

加勒比海的蓝洞

凝视天空的水眼

P261上左：蓝洞其实就是形成于海底的石灰岩溶洞，有跟陆地溶洞一样的钟乳石。神秘的水下溶洞，是世界上最神秘的地方之一，吸引着众多喜爱潜水的人们到这里探险。

P261上右：蓝洞是巨大的海底深坑，海水深度比周围的海域深了很多，海水颜色更加幽暗神秘。

P260～261：伯利兹蓝洞是世界最大的蓝洞。周围的珊瑚礁给它镶嵌上一圈白边。从天空俯瞰，仿佛一道美丽的花环。

从空中俯瞰加勒比海，在浅蓝色的海面上，有几处非常神秘的深蓝色圆斑，它们像大海的眼睛凝望着天空，又似乎是在诱惑人们进入其中，一探究竟，这就是著名的加勒比海“蓝洞”。

全世界最大的蓝洞位于中美洲伯利兹国附近的海域，直径大约有300多米。其四周被一圈浅色的珊瑚礁包围着，看上去好似给这个蓝色的大眼睛化了一圈眼线。加勒比海水清澈蔚蓝，蓝洞外围海水深度不大，所以水面呈现出浅蓝色，阳光明媚的时候，可以看到海底的珊瑚和礁石。而进入蓝洞范围内，海水虽一样清澈，但颜色却变深了很多，注目观望，能看到水下的峭壁和一眼望不到底的深坑。蓝洞是世界著名的潜水探险地，背上氧气瓶，潜入蓝洞的神秘世界，你会发现，蓝洞其实是一座巨大的海底深坑，而深坑的坑壁不只崎岖起伏，还有很多分支洞穴。从一个洞穴钻入，几经周折，往往能进入更深、更大的另一个支洞。这些洞穴，有的阴暗漆黑，有的能有阳光射入，洞中往往有意想不到的海洋生物，有时甚至能碰到一两条鲨鱼。

经考察，蓝洞其实就是石灰岩溶洞，如果在陆地，就是一个天坑。加勒比海上的这几处蓝斑，都是海底的深坑，映衬在海底，呈现出深蓝色，人们形象地把这些地方叫作“蓝洞”。世界上最大、海底地形最复杂的蓝洞，大部分都在加勒比海地区。

没有什么能比蓝洞更能诠释“沧海桑田”的含义了，蓝洞记述了它从大海到陆地再到大海的轮回。加勒比地区在地质年代曾经是更加广阔的海洋，丰富的海洋生物从大量繁殖到大量死亡，体内的钙质沉积到海底，日积月累，在海面以下形成了厚厚一层。经过漫长的地质年代，海底沉积物变成石灰岩层。大约在距今200万年前，地球进入冰期，寒冷的气候将水冻结形成冰盖和冰川，使海平面大幅度下降，加勒比

P262：潜水者在蓝洞中探险。跟陆地上的岩洞相似，蓝洞内部往往光线幽暗，甚至完全漆黑，岩洞中生长着大片的扇形珊瑚。

P263：蓝洞的形成经历了漫长的海陆变迁。如今，海水下的石灰岩地貌，基本上是露在地表时风化侵蚀形成的。

海地区的石灰岩层露出水面，经历了陆地上的风吹雨打。在海水与淡水的交替侵蚀下，地下岩层形成了许多岩溶空洞，伯利兹蓝洞所在的位置就曾是一个巨大的洞穴。由于重力、地震等因素的影响，多孔疏松的石灰质穹顶坍塌，形成一个近乎圆形的洞口，如同敞开的巨大竖井。当温暖的间冰期来临，冰雪消融，海平面上升，海水淹没了竖井，一个个引人入胜的蓝洞就这样出现了。

1971年，著名的法国探险家库斯托驾驶他的探险船“卡里普索号”，搭载着众多科学家和摄影师来到这里探险，蓝洞从此闻名于世。经过探测，伯利兹蓝洞的洞口直径达305米，是目前发现的所有蓝洞中最大的，深则有123米，洞壁十分陡峭。此洞原本就是溶洞，内部有迷宫般错综复杂的支洞，洞壁上还垂挂着许多淹没前形成的钟乳石。

大蓝洞内海水非常清澈，能见度很高，是一处闻名遐迩的潜水胜地，但由于水下地形复杂，没有经验的探险者很容易迷路，所以也有一定危险。然而，也正是因为洞穴太深、太复杂，反而留给人们许多想象空间，古印第安人就曾把它称为“恶魔的住所”。

这里还有一个著名的蓝洞，即院长蓝洞，位于巴哈马群岛的大西洋一侧的海岸上，虽然不在加勒比海内，但也属于加勒比海地区。院长蓝洞靠近海岸，从高空俯瞰，它处于岛屿一处略微凹陷的海岸线边。沿着海滨，从白色的沙滩向下，是一大片浅浅的珊瑚礁区，而颜色幽暗的院长蓝洞，就像在珊瑚礁上打下的一个大圆洞，深202米，是世界第二深的蓝洞。洞中的地形也非常复杂，逐级下陷，应该是一个分为好几层的巨大溶洞体系崩塌后形成的。现在这里同伯利兹大蓝洞一样，也是世界顶级的潜水、探险胜地。

Monteverde Cloud Forest
蒙特维多云雾森林

神奇的雾雨林秘境

P264下左：哥斯达黎加的雾雨林地区位于火山地带，图中是一个古老的火山口，积水在火山口内形成了一个小湖泊。

P264下右：阿雷纳尔（Arenal）火山是哥斯达黎加最著名、最活跃的火山，炽热的红色岩浆从火山顶端倾泻下来，它们的热量可以摧毁沿途遇到的一切生命。哥斯达黎加的雾雨林常年受到火山活动的影响，生态系统已经适应了这种干扰。

浓浓的雾气笼罩在茂密的丛林之上，层层叠叠的远山，有些只露出神秘的一角，有些则连轮廓都难以分清。哥斯达黎加的雾雨林，是世界上最神秘的地方之一。这里常年雾气缭绕，林内空气湿度极高，空气中蕴含的过量水分让这里呈现出一种奇幻的视觉效果，同时也孕育出众多独特的生物物种。

哥斯达黎加拥有多处雾雨林，是全球热带雾雨林最集中的地区之一，这与当地特殊的地理位置有关。哥斯达黎加是拉美小国，位于南北美洲交界、两个大陆连接的地方，这个国家东西两面都濒海，一侧是太平洋，一侧是大西洋。从地图上看，它处于两大洋、两大陆交汇的“十字路口”上。

来自海洋的暖湿气流源源不断地登临大陆，遇到山地的阻挡而滞留下来，让空气常年保持无比湿润的状态。这里又有火山，火山带来的细微烟尘作为凝结核，利于水分凝结成雾。而山地地形起伏不平，使得雾气容易在山谷中聚集，不易消散。天时加地利，造就了神奇的云雾热带雨林。

哥斯达黎加的雾雨林中，以蒙特维多（Monteverde）自然保护区最为著名。蒙特维多自然保护区位于哥斯达黎加偏北部山区，它的名字是“绿色的山”的意思。这里有面积2 500公顷的雨林，其中90%都是几乎没有人进入过的原始雨林。

雾雨林地区虽然经常下雨，但大部分地区天气潮湿而闷热，有时水分也在树叶表面凝结，继而滴落到地面。森林中因为雾气弥漫，所以比普通的热带雨林更

P265：哥斯达黎加中部山区的雾雨林非常茂密，常年雾气缭绕，让人难以见识它的真面目。一道美丽的瀑布隐藏在密林中，从幽深的树丛中一泻而下。

加幽暗。雾雨林最大的特点是，不论树干还是地面，到处都长满了苔藓。有些大树的枝干完全被苔藓包围，看起来像一条条毛茸茸的胳膊，在空中尽情舒展。因为苔藓多而明显，所以有人也把雾雨林叫作苔藓森林。

普通的热带雨林里，地表植物通常并不太多，而雾雨林则明显不同。雾雨林的树木相对没有那么高，但枝杈却更为密集。所以走在林间，抬头望去，浓密的树冠几乎把天空完全遮盖，林中完全是雾蒙蒙的，看起来就像进入了另一个神秘的时空。

高湿度让雾雨林的植物类型也别具特色。这里附生、寄生的植物格外多，一棵大树上，从地面到树顶都长满了植物，除了苔藓地衣之类，还有大量的蕨类、凤梨类、兰花类植物附生在树上。所以在雾雨林中，每一棵大树都是一座花园，加上生活在树上的动物，俨然一个丰富多彩的“小型帝国”。

由于雾雨林中的绝大部分生物都生活在树上，所以为了方便游客游览，蒙特维多保护区专门为游客修了几座吊桥。这些吊桥很长，连接在大树与大树之间，人们可以通过吊桥在树冠层中漫步，欣赏栖息在那里的野生动物。

蒙特维多保护区内野生动物众多，有超过400种的鸟类和上百种哺乳动物。树懒、蜘蛛猴、金刚鹦鹉以及各种奇特的两栖、爬行类动物组成了一个庞大的野生动物王国。蒙特维多及哥斯达黎加的其他雾雨林区域，是全球生物多样性最丰富的地方之一，这里每年都会发现很多从未被人类记录过的物种。

哥斯达黎加是世界上第一个没有军队的国家，当地人说，美丽的金刚鹦鹉就是它的空军，森林中的切叶蚁就是它的陆军。而神秘的雾雨林，为它的空军和陆军提供了最重要的栖息家园。

南美洲
South America

宏伟的安第斯山脉峰峦叠嶂、绵延起伏，作为地球上最长的山脉，它8 900多千米的身躯从北向南贯穿整个南美洲大陆，造就出许多我们星球上最壮观、最神奇的风景。

落日余辉中的安第斯山脉被染上了一片金色，阿空加瓜山是欣赏高山美景的极佳地点。

亚马孙丛林 Amazon

全球生命基因库

P268上左和上右：雨林中有种类繁多的植物生长在一起，既相互依存又相互争夺有限的养分和阳光。图为亚马孙热带丛林景观，其中密集的藤蔓缠绕在雨林的中层，让人眼花缭乱。

P268～269：亚马孙流域是全球最大的热带雨林地区，无边的原始丛林和密集的河网阻挡了人们探索的脚步，这里至今仍是地球上最大的无人区之一，依然保持有许多未经现代文明探索过的处女地。

溪水中1米多长的大鱼慢慢地游动着，当它来到一处浅滩时，猛然间一只长有锋利指甲的"猫爪"准确地拍到它的头顶，这条大鱼顿时晕了，"猫爪"趁机勾住鱼身，把它拖向河岸。袭击者是一头美洲虎，它黄色的皮毛上长着大朵的黑色斑纹，体型矫健，行动敏捷，是南美洲丛林里的王者。大鱼奋力挣扎，翻腾起的水花惊动了蛰伏良久的巨鳄，四五米长的亚马孙凯门鳄甩头扫尾，河边刚刚长出的小树苗被拦腰折断，旁边大树上的猴群惊叫着慌忙逃窜，密林中激起一片喧嚣……

这就是"野性亚马孙"日常上演的情节，在我们人类不知道的时间和地点，有更多的"剧目"演绎着一幕幕动物世界里惊心动魄的故事，展现出地球上面积最大的热带雨林中最精彩、最生动的画面。

亚马孙河流域是世界上最独特的区域，它的意义绝不仅仅是一大片森林那么简单，这里是全球重要的生物基因库。科学家说，进入亚马孙丛林深处，被人类认识和记录过的物种远没有未知的物种多。这里孕育出世界上最丰富多彩的生命形式，是地球秘藏的生物宝库，如果没有亚马孙，地球的生命世界会寂寞很多。

"亚马孙"据说是丛林原住民的语言，意思为"悍妇"。早期西方殖民者抵达亚马孙地区时，当地人说丛林深处居住着由强悍女武士组成的部落，于是，这些西方探险者便把隐藏在神秘丛林中的这条大河称为"亚马孙"。

现在我们所说的"亚马孙"有三层含义。首先，亚马孙是一条河流的名字。亚马孙河是全世界流量最大、流域面积最广、流程最长的河流，它发源于安第斯山北部，穿越南美洲大陆的广大区域，最终汇入大西洋。亚马孙河汇聚了众多支流，流域面积超过705万平方千米，跨越了巴西、哥伦比亚、秘鲁、委内瑞拉、厄瓜多尔、玻利维亚、圭亚那及苏里南等多个国家，所以亚马孙另一层含义，也指整个亚马孙河

P270：河流蜿蜒流过茂盛的热带雨林，无论是水中还是岸上，都是无数种野生动物的重要栖息地，这里是全球生物多样性最丰富的地区之一。

流域。亚马孙河流域大部分为平原，地理学上叫作亚马孙平原，整个亚马孙平原基本被茂盛的丛林覆盖，所以，它的第三层含义为林莽丛生的荒野。

亚马孙地区的热带雨林占了全世界雨林总面积的一半。之所以称为“雨林”，是因为这里常年湿润多雨。这里有旱季和雨季之分，但即便是旱季，也会时常有雨。在雨季，亚马孙受到东来的信风影响，加之没有高山阻挡，大西洋的暖湿气流能够直入南美洲大陆深处，给亚马孙全流域带来丰沛的降雨。

如此广大的面积里，雨水沿着大批支流逐渐汇聚，于是造成了一个亚马孙地区特有的奇观——季节性水浸森林。雨季时，亚马孙地区的很多河流水位大幅度上涨，最多的地方，河面能比旱季上涨20米。上涨的河水漫入森林，有时能达数千米之远。所以在雨季到亚马孙地区，很多时候是需要划船才能进入丛林的。丛林里长满高大的树木，当地原住民划着小木船在林中捕鱼，有时甚至需要随身带着砍刀，劈开树丛，小船才能通过。而在树林中行进的小船，船底有时会被水中的树枝剐蹭，还能看到小鱼停留在树叶上休息。

旱季、雨季水位变化巨大，造成了很多出人意料的现象。亚马孙的土壤并不太肥沃，但是这里的树木生长速度奇快，一是因为树木不得不参与抢夺阳光的竞争，“个子矮”意味着难以晒到太阳，只能生活在大树的阴影中；另一个重要原因就是雨季会被淹没，如果不在萌发时期快速生长，则有可能面临长达数月的“水下生活”。

丛林深处，在河水无法到达的地方，林间的植物并不像大多数人想象得那样茂密。因为高大的树木遮挡着阳光，使林下相当幽暗，只有喜阴的植物在此稀疏生长着。所以在亚马孙丛林中行走，虽然地上随时有倒伏的树木和蜿蜒的藤条挡路，但总体来说并不是十分艰难。

亚马孙以它丰富的野生动植物著称，这里到底有多少种动植物物种，科学家至今没有定论。据估计有超过250万种昆虫，2 000多种鸟类，高等植物的种类约占全球总数的一半，而无脊椎动物更是多得难以统计。

在陆地上，雄健的美洲虎、憨态可掬的貘、行动迟缓的树懒、色彩绚烂的金刚鹦鹉、看似柔弱却有剧毒的箭毒蛙……在河水中，神奇的亚马孙粉色河豚、长达5米恐怖的凯门鳄、恶名昭彰的食人鱼……这些都是大名鼎鼎的明星物种。

到亚马孙旅行，很多人都是为了一睹这些野生动物的风采，但是，美洲虎、凯门鳄这类大型猎手往往生活在丛林深处，很难看到。而那些丰富多彩的鸟类、活泼可爱的猴子倒是很容易见到的。如果乘船沿水道旅行，也能经常看到亚马孙河豚与从海中逆流过来的大西洋灰海豚一起捕鱼。

垂钓食人鱼也是很受欢迎的项目。食人鱼也叫水虎鱼，这个名字反映出它们的最大特点——非常凶猛。特别是在旱季，河水水位缩减，水虎鱼集中在浅水湾中，如果有动物不慎落水，会被疯狂的鱼群迅速啃得只剩一副骨架。不过，水虎鱼虽然凶猛，但也是一种适宜垂钓的鱼类，而且这种鱼味道鲜嫩，不论是游客还是当地人，都喜欢把它当作美食。

亚马孙丛林中有不少过着原始生活的原住民部落，他们虽然已经开始与外面的世界接触，但是至今仍然还有未曾与现代文明接触过的人群。

与世界其他很多地方的森林一样，亚马孙也面临着危机与问题，诸如砍伐与开发、气候变化导致的森林退化等等。保护亚马孙已经成为全球性的问题，这里的森林和土壤储存着巨量的碳元素，如果这些碳元素释放到空气中，将会对全球的气候产生灾难性的影响。

P271左：美洲虎也叫美洲豹，它们是南美洲热带雨林里最大型的食肉动物，占据食物链的顶端。它们深居简出，善于游泳，可以爬树，是丛林里最出色的猎手。

P271右上：箭毒蛙是南美雨林中非常独特的动物，它们体型小巧、外貌可爱，但是皮肤上却带有剧毒，艳丽的色彩是对外界“我有毒”的警告。

P271右下：食人鱼又叫水虎鱼，以性情凶猛著称，是亚马孙流域最危险的水生动物之一。它们拥有锋利的锯齿状牙齿，成群活动时，能在几十秒钟之内把落水的鸟儿啃得只剩骨架。

加拉帕戈斯群岛 Galapagos Islands

浓缩进化史的神奇群岛

P272上左：加拉帕戈斯群岛是太平洋上的一片群岛，它与最靠近的大陆南美洲相距约1 000千米，孑然独立的地理位置让它成为生物进化的天然博物馆。

P272上右：一只海鬣蜥趴在海底的礁石上啃食海藻，它似乎对活跃的火山已经习以为常，远处火山喷发冒出的滚滚烟雾丝毫不影响它的食欲。

P272～273：古代火山口如今已经不见炙热的红色岩浆，而变成了碧蓝的小湖。加拉帕戈斯群岛是由海底火山喷发形成的群岛，岛上随处可见火山景观。

180年前，一位年轻的英国小伙子搭乘英国皇家海军派遣的“比格尔”号登上东太平洋的一座小岛，小岛上奇怪的动物让这位“懂得博物学知识的绅士”产生了深深的思考，经过一系列考证和研究，他最终得出一个大胆的推论——生物是进化而来的，自然环境无情地淘汰了那些不适应环境的动植物，大自然用“适者生存”的法则，创造了地球上丰富多彩的生命世界。这位年轻人就是查尔斯·达尔文，而最初给他最大启发的小岛，就是加拉帕戈斯群岛中的一个。

加拉帕戈斯群岛在西班牙语中称为科隆群岛，横跨赤道南北，离南美大陆970千米，属厄瓜多尔。这片群岛由16个大岛和许多小岛以及岩礁组成，它们都是由海底火山喷发形成的，年纪最老的火山已经有500万年了，正在逐渐向海底沉没，而最年轻的火山依然非常活跃，随时都有喷发、产生新岛的可能。

这里简直就是一座活的“岛屿生态系统博物馆”。“年轻”的小岛上怪石嶙峋，几乎没有任何生命的痕迹，坚硬漆黑的岩石保留着岩浆流动的纹路；“壮年”的岛屿则生长有耐旱、耐盐的植物，善飞的海鸟和游泳健将海狮在这里安家落户；而那些“年老”的岛屿，山坡上长满茂密的树林，栖息着繁多的动物，俨然一个自成一体的动物世界。

1835年，“比格尔”号到达加拉帕戈斯群岛，达尔文在此停留了一个多月的时间，考察了群岛中的多个岛屿，并采集了不少鸟类的标本。回到英国后，经过研究和对比，达尔文发现这些小鸟与南美大陆的鸟种之间有明显的亲缘关系，只是它们的脚爪和喙的形状，发育得与它们的食物相适应。在后来的学术著作中，达尔文把这种现象解释为“自然选择让适应环境的动物得以生存”，生物物种不是上帝创造的，而是大自然选择的结果。

值得庆幸的是，时至今日，登临加拉帕戈斯群岛，依然

P274：火山口喷出红色火焰，白色的烟雾弥漫在高空，红色的岩浆从火山口流淌下来，加拉帕戈斯群岛的火山又爆发了！从几百万年前到今天，加拉帕戈斯群岛的火山一直非常活跃。

P275：地上岩石的纹路可以看出岩浆凝固前流动的方向，可以想象，当年岩浆入海时，水与火交融的激烈场面。

能够看到达尔文当年所见到的景象。正因为加拉帕戈斯群岛具有“独特的活的生物进化博物馆和陈列室”的功能，1978年入选为“世界自然遗产名录”。

加拉帕戈斯群岛是鸟类的天堂，群岛总面积约8 000平方千米，却生活着超过100万只的鸟。其中最引人注意的是军舰鸟和鲣鸟，它们不仅体型较大，而且形态优美。军舰鸟因为喜欢跟着远航的军舰而得名，它们是世界上最善于飞行的鸟类之一，科学家用卫星跟踪仪发现，它们可以飞到离家1 600千米远的地方去找寻食物。军舰鸟还有一种不良嗜好——拦路抢劫其他海鸟抓到的鱼。在繁殖季节，军舰鸟的雄鸟会使喉囊充气，鼓成一个鲜红的“气球”，用这种办法吸引雌鸟的注意。鲣鸟体型略小，它们往往是军舰鸟欺负的对象。不过鲣鸟也有它们的对策，即群起而攻之，当遇到敌人时，鲣鸟群会一起大叫，巨大的声音足以把对方吓跑。

加拉帕戈斯群岛上生活着世界上最大的陆龟。其中最大者近1.5米长，体重接近半吨。陆龟想要支撑起沉重的身体，依靠的是它那大象一样粗壮的四肢，它们像升降机一样慢慢站立，站稳后，才会缓慢地向前迈步，经常是走几步就要停一下，抬起头看看四周，或者干脆趴下休息一会儿。达尔文曾经测试过巨龟行走的速度，通常一小时只能走300米。

在达尔文到达加拉帕戈斯群岛时，群岛中大约有15种象龟，分布在不同的岛屿上，总数超过25万头。但是由于人们的捕杀，象龟如今只剩下11个品种，总数1万多头。加拉帕戈斯群岛原先没有人居住，后来成为过往船只的补给站。对于水手们来说，巨龟是再好不过的美味。船只

长期在海上航行，非常缺少新鲜的肉食，所以每到此处船员们就大量捕捉象龟，使象龟数量迅速减少。等人们觉悟到要保护它的时候，一些象龟品种已经永远地消失了。

如果在加拉帕戈斯群岛的海滩上散步，有可能遇到这样的场景：海浪在洁白的沙滩上轻轻涌动，温柔地拍打着黝黑的礁石。突然，有块如石头般的东西活动了，它向前移动了几步，然后"扑通"一声跳进水中。在浅蓝的水里才看清它的真面目——细长的身体，短小的四肢，长长的尾巴既是浆、又是舵，左右摆动，在水中游得灵活轻松。它就是号称"加拉帕戈斯活恐龙"的海鬣蜥。

海鬣蜥是一种独特的蜥蜴。它们身长近1米，身上的鳞片有点儿像鳄鱼的铠甲，又厚又硬，尤其是头顶，鳞片长成一个个钝圆锥，又硬又粗糙；最特殊的是，它们脊背上长有一排尖利的刺，仿佛全副武装的战士。海鬣蜥与恐龙一样，都属于爬行动物，从它们身上，真能看出几分恐龙的威武。

除了海鬣蜥，群岛上还生活着它们的近亲——陆鬣蜥。陆鬣蜥能长到1米多长，也许是登山爬坡更需要力气吧，它们的身形要比海鬣蜥粗壮不少，体重能达十多千克。陆鬣蜥背上也有一排尖利的长刺，这是"鬣蜥科"动物的共同特征。它们身体颜色丰富，通常是鲜艳的黄色，在繁殖季节，有些雄性身上还会出现深红到黑色的花纹。

群岛上的植物也颇具特色，生长着很多高大的仙人掌类植物，它们的种子是由鸟类从南美大陆携带过来的。特别是在一些年轻的岛屿上，土壤还很少，大部分地区是裸露的火山岩，在这样的地方，最先生长的植物往往被视为先锋植物。在沿海地区，也有大片的红树林，红树的种子能在海水中漂浮，所以它们也在这里安了家，给许多动物提供了栖息的家园。

加拉帕戈斯群岛浓缩了地球生命进化的历史，每一位来到此地的人，都会留下对生命、对大自然的奇妙遐想与深刻思考。

P276～277：海鬣蜥是加拉帕戈斯群岛独有的物种，也是世界上唯一生活在海中的鬣蜥。这种动物善于潜水，以海底岩石上的植物为食。

P278左上：一只加拉帕戈斯象龟在树丛中漫步。这种加拉帕戈斯群岛特有的动物是现存体型最大的陆龟之一，在比较潮湿的低海拔岛上，象龟会沿固定路线进行季节性迁徙，它们在灌木丛中通过而形成的小道被称为“巨龟公路”。

P278左下：这只看起来不太起眼的小鸟就是大名鼎鼎的加拉帕戈斯地雀。群岛上有数种地雀，它们的身体结构与所吃的食物完全匹配，是生物进化理论的完美例证。

P279上左：海鬣蜥与红色的小螃蟹共同生活在海边黑黢黢的礁石上，从不怕人的干扰。

P279上右：一只雄军舰鸟鼓起红色的喉囊，它以这种方式展示自己的力量。每到求偶季节，雄军舰鸟会让自己的喉囊充满气体，如同红色的气球，同时伴以高亢的“歌声”来吸引异性的注意。

P278～279：一对蓝脚鲣鸟跳起它们特有的求偶舞蹈。蓝脚鲣鸟有非常独特的蓝色脚掌，这在鸟类中是独一无二的。它们如何进化成这个样子，至今还没有答案。

潘塔纳尔 Pantanal

世界最大的湿地

晨光中，平静的巴拉圭河泛着金色的波纹，水中不时漂过一丛丛长着大圆叶子的水草，偶尔还有几条鳄鱼，只露出鼻孔，犹如浮木一般，随着河水缓缓向前。河两岸是稀疏的树木和茂密的草丛，树林间有一些隐秘的小径，那是一些大型哺乳动物的兽道，它们要从面积不断缩减的水塘迁到大河附近生活。

每当旱季降临到潘塔纳尔这片由稀疏的树木、季节性草原和沼泽组成的湿地时，雨季形成的宽阔无边的大湖就会被无情的干热风吞噬，湖底变成草丛。那些没来得及逃离的鱼儿，在几近干涸的水塘中苟延残喘，哪怕是以凶猛著称的食人鱼，此刻也只能在泥潭里挣扎，露出肚皮上标志性的橙红色。而黑黢黢的凯门鳄则在一旁静止不动，它们是冷血动物，需要早晨的阳光把身体晒暖，才能恢复那令人生畏的威力。每年旱季之初，鳄鱼总要大享鱼类盛宴，因为这次饱餐之后，将有几个月严酷的挨饿的日子，只有最强壮的鳄鱼才能坚持到下一次雨季的来临。大自然是严酷的，潘塔纳尔湿地一共有超过2 000万只凯门鳄，然而一到旱季，将近半数的鳄鱼会死于干旱。

生与死的更替，如同旱季与雨季的循环一样，是潘塔纳尔湿地数万年来不变的自然规律。这片位于南美洲中心腹地的土地，是地球上面积最大的湿地，它曼延24万多平方千米，相当于中国6个半台湾岛的面积，比江苏、浙江与上海三地面积的总和还大。潘塔纳尔的大部分区域隶属巴西的马托格罗索州及南马托格罗索州，少部分属于巴拉圭与玻利维亚。在葡萄牙语中，“马托格罗索”的意思就是“茂盛的草木”，这两个州的州名，便是潘塔纳尔湿地最简单、最直接的诠释。

潘塔纳尔地区毗邻著名的亚马孙河流域，位置更偏南一些。虽然也属于热带地区，但因为纬度更高，这里没有亚马孙河流域那样过于充沛的雨量，所以也没有形成大片的热带

P280上左：水豚是世界上最大的啮齿类动物，温顺而胆小，格外擅长游泳。这群水豚占据了浅浅的池塘，机警地观察四周，以便上岸吃草。

P280上右：潘塔纳尔湿地生活着超过2 000万只凯门鳄，它们是这片大湿地真正的主人。清晨，太阳出来后，成群的鳄鱼在阳光下晒暖身体。

P280～281：水塘中密布的白色身影是白鹭，这片水面是它们休憩的场所。潘塔纳尔湿地有超过1 000种鸟类，白鹭是其中最常见、数量最多的一种。

P282上左：外形奇特的大食蚁兽试探地步入水塘。大食蚁兽是潘塔纳尔代表性的陆生动物，它们强壮的前肢可以扒开坚硬的蚁穴，用细长的舌头舔食里面的白蚁。

P282上中：紫蓝金刚鹦鹉是世界上体型最大的鹦鹉之一，数量非常稀少。潘塔纳尔湿地是紫蓝金刚鹦鹉的重要栖息地。

P282上右：巨嘴鸟的大嘴占身体长度的1/3，非常醒目，它们的大嘴看似粗笨，实际上内部结构是中空的，非常轻巧。

P282～283：潘塔纳尔湿地位于南美洲中心地带，地势平坦而略微有所倾斜，并拥有众多曲折的河流，总面积达242 000平方千米，是世界上最大的湿地。

雨林，而是发展为河湖纵横，森林、草原、沼泽交错分布的湿地。

潘塔纳尔地势平坦，从西向东略微倾斜，少有明显的起伏。当南美大陆西侧的安第斯山脉抬升后，巴拉圭河等几条河流便经年不断地从山地、高原地区，把土壤、水分等各种物质带到这片平原上，最终形成一块面积巨大的内三角洲。

得益于纬度较低，潘塔纳尔地区终年没有寒冷，每年只有雨季和旱季两个季节，6月到年末为旱季，12月到来年5月是雨季。全年降水量1 400多毫米，加上巴拉圭河等河流从上游带来的大量水分，使雨季平均水位上升3米，让整个湿地80%的面积被水淹没。此时，一片汪洋的潘塔纳尔湿地成为世界上水生生物最为密集的地方。

雨季的潘塔纳尔景色迷人，葱郁的植物环绕在宁静的湖泊四周，丰富的野生动物栖居其间，繁衍生息：美洲虎隐身于森林里；优雅的水蟒无声地潜入河水中；长相奇特的大食蚁兽在草原上寻找白蚁的巢穴……潘塔纳尔湿地是全球生态系统最为复杂、生物多样性最为丰富的地区之一，有1 000多种鸟类、400多种淡水鱼类、300多种哺乳动物、近500种爬行动物，还有近万种无脊椎动物。这里的植物更为丰富和复杂，因为处于热带雨林、干旱草原的交接地带，兼有亚马孙热带雨林、南美热带稀树草原等不同类型的植物群落。

潘塔纳尔是很多珍稀物种重要的栖息地，美丽的黄蓝金刚鹦鹉是其中的代表。这种鹦鹉身长将近1米，翼展能达到1.2米，身披橙黄、宝蓝两色的羽毛，面孔上有京剧脸谱一样的黑白花纹，整体色彩艳丽异常。此外，这里还有巴西貘、鬃狼、大水獭、巨犰狳、巨嘴鸟、黑颈鹳等许多南美洲特有的动物。

白鹭、凯门鳄则是这里最为常见的物种，不管在荒野还是在农田边，都能见到它们的身影。有时为了寻找新的水源，2米多长的鳄鱼会大摇大摆地在马路上穿行，而过往的车辆，还需小心躲避。潘塔纳尔地区的凯门鳄体型较小，一般不超过3米，所以几乎没有鳄鱼伤人事件，人们常常在离鳄鱼两三米外的农田里劳作，互不干扰。

巴西于1981年在马托格罗索州建立潘塔纳尔湿地国家公园，除了要保护其中的野生动植物，湿地本身也需要保护。湿地被誉为“地球之肾”，这是因为湿地是天然的水质净化系统，可以沉淀并分解水中所含的有害物质，使水质得到净化。因此，潘塔纳尔成为众多野生动植物的家园和世界最重要的“天然净水器”，保护它，对人类的重要价值可想而知。

乌尤尼盐沼

Uyuni Salt Flat

巨大的天空之镜

P285上左：盐沼中的水分完全干涸之后，只剩下一层洁白龟裂的盐壳。

P285上右：盐沼周边的山坡，气候干旱、土地贫瘠，只有耐旱耐盐的植物才能生长，其中最显著的，就是这种高大的仙人掌。

P284～285：乌尤尼盐沼平静开阔的水面一直延伸到远方，让人分辨不出天地的界限，浅浅的水面如镜面一般没有一丝涟漪，有种超越现实的梦幻般的感觉。

乌尤尼盐沼是世界上最纯净的景色，放眼望去，脚下是一直延伸到地平线的白色平面，头顶是湛蓝无瑕的天空，天地之间，再无他物，甚至失去了远近、方向的对比。

乌尤尼盐沼位于南美洲中部高原，玻利维亚西南部内陆流域的中心，是世界上最大的盐湖区，总面积达10 582平方千米。这里并不是单一的“湖”，而是有些区域有水，有些区域则只剩一层白色的盐壳，所以正式的名字是“乌尤尼盐沼”。

在乌尤尼盐沼上漫步是一种神奇的体验。有些地区的表面有一层浅水，而水面以下则是坚硬而厚实的盐壳。乌尤尼的盐壳非常坚硬，不仅可以徒步在上面行走，而且汽车也可以在上面行驶。雨季的时候，水层也不会太深，一般只能没过脚踝。

由于水中含盐度极高，而且几乎没有河流从这里流入或流出，所以乌尤尼盐沼的水面基本是静止不动的，没有丝毫波纹。水多的时候，整个湖区就变成了一面镜子，能够一丝不差地倒映出天空的云彩和四周的山峦。到了旱季，很多地方积水蒸发殆尽，裸露出水下的盐壳，盐壳的表面龟裂出蜂窝形状的裂纹，就像大地上一幅现代派的抽象画。而从高空俯瞰，乌尤尼盐沼就像镶嵌在安第斯山区的一大块白色斑点，它颜色纯净，反射着太阳的光芒，于是人们形象地称之为“天空之镜”。

盐沼位于荒凉的安第斯山区，湖面海拔3 700多米，披着白雪的火山围绕在四周，更衬托出盐沼的平坦与开阔。整个盐沼区东西宽250千米，南北长100千米，在这么广大的面积中，地形几乎没有起伏。如果站在盐沼区中心，天空之下，360度视野中只有平坦的白色，简直是神话中的奇境。

每年都有大量游客被乌尤尼盐沼的奇特风景吸引而来，但是真正穿越乌尤尼盐沼却是一件有风险的事。乌尤尼盐沼

P286～287上：乌尤尼盐沼是古代海洋的遗物，当海洋面积缩减时，这里是海水最后的集聚地，因为集中了大量盐分，现在人们在乌尤尼建立盐厂，开发利用这里的盐资源。

P286～287下：高盐度的盐湖不适合鱼类和水草的生存，但这里并不是生命的禁区，每年都有大量的火烈鸟来到这里，捕食水中的卤虫。

的巨厚盐层对磁场有所影响，有时会导致指南针以及导航系统失灵，而沼区四面风景类似，缺少参照物，所以很容易迷失方向。在这里游客经常会拍出一些奇怪的照片：比如有人“手捧”一个比本人大数倍的巨型矿泉水瓶——这是人站在远处，而水瓶放在离镜头近的地方拍的；有人抬起一条腿，脚下踏着一辆板凳大小的吉普车——这其实是把车停放在远方，而人在近处拍的。这些现象无疑给乌尤尼旅行增加了很多乐趣。

安第斯山区内部为什么会形成这么大一片盐沼呢？原来，在数万年前，乌尤尼地区的海拔还没有这么高，那时这里是一片真正的大湖。后来不断隆起、抬升，在这一过程中，古代湖泊中的水逐渐褪去、蒸发，而水中的盐分却留了下来，在古代湖盆里，留下一层厚厚的盐壳，最厚的地方达到20多米。

人们从很早就开始开发、利用乌尤尼的盐矿。从最早生活在安第斯山区的高原民族开始，这里就是重要的产盐地。随着现代工业的发展，乌尤尼盐沼的盐也成为工业

生产的重要原料。乌尤尼的盐，除了工业利用，当地人还开发出了更多用途。如宾馆里的墙壁和部分家具都是用切割成块的盐做的。因为总有游客试图验证一下真伪，宾馆不得不贴出“请勿舔舐墙壁和家具”的告示。

由于乌尤尼的积水含盐度很高，其中几乎没有任何水生生物。不过这并不代表乌尤尼盐沼是生命禁区，这里也有自己独特的生物物种。在边侧的荒滩上，生长有耐旱、耐盐的植物，最具代表性的就数高大的柱状仙人掌了。特别是盐沼中心的佩斯卡多雷斯（Pescadores）岛，长满了仙人掌类的肉质刺灌丛，一般直径达30～40厘米，高的能有三四层楼高，看起来非常奇特而壮观。

在积水较多的地方还会有卤虫，吸引火烈鸟前来捕食。有时候，在乌尤尼盐沼边，还能看到南美洲特有的动物野生羊驼站在湖边，一动不动地凝望远方，好像在仔细打量这偌大的“天空之镜”的神奇风貌。

P287：除了盐，乌尤尼地区地下还蕴藏着地热资源，热量把底层下的水分加热，蒸汽喷出地表，形成温泉。

Iguassu Falls

伊瓜苏瀑布

魔鬼的咽喉

P289上：从空中俯瞰，伊瓜苏河从马蹄形的断崖上跌落，形成规模庞大的瀑布群，"马蹄"中部最大的一部分，被特称为"魔鬼的咽喉"，这里的水雾，可以升到天空，高达百米。

P288～289：伊瓜苏瀑布位于阿根廷与巴西两国交界处的伊瓜苏河口附近，飞泻的流水发出的轰鸣声，在30千米外就能感觉到它的震撼。

轰鸣的水声掩过一切其他的声响，白色的水雾蒸腾起百多米高，站在山崖边，看不见水雾背后奔涌的水流，只见一些勇敢的黑色小鸟，穿梭在迷离的水雾中……这里就是世界最壮观的大瀑布之一——伊瓜苏瀑布。

伊瓜苏瀑布位于南美洲中部，在阿根廷与巴西交界处的伊瓜苏河上。河心岩岛和茂密的树木把伊瓜苏瀑布分隔成近300个小瀑组成的瀑布群，水位落差在60～82米之间。每年的11月到次年3月是这里的雨季，如果连续降雨，瀑布最大流量可达12 750立方米/秒；8～10月为旱季，流量最小。年平均流量为1 756立方米/秒。

欣赏伊瓜苏瀑布的最佳视角，是从空中俯瞰。飞到空中，就可以看到宽阔的伊瓜苏河从葱郁的热带丛林中穿过，河水因携带泥沙而略显浑黄。河水向前流淌，河道却突然"遇到"断崖，本来平静的水流一下子跌入"深渊"，激起大量白色的水雾。

河水跌落的"断崖"呈马蹄形，马蹄中间是伊瓜苏瀑布群中最壮观的一处，也是水势最险恶的一处，被称为"魔鬼的咽喉"。这个名字的来源一是因为水声巨大，让人联想到魔鬼的嘶吼声；二是因为水势惊人，激起的波浪犹如不甘心落入地狱的魔鬼在翻腾起伏，蕴含着巨大的能量。在"魔鬼的咽喉"之外，河水从峡谷的峭壁上跌落下来，形成几米到几十米宽度不等的几百个大小瀑布。如此壮观的大瀑布群，在全世界范围内也很罕见。

伊瓜苏大瀑布的形成与其独特的地理环境有关。说到这里，不得不提一下巴西的巴拉那河谷。巴拉那河谷由南北走向的玄武岩层构成，而伊瓜苏河以及河床岩层走向恰好与巴拉那河垂直，两组岩层的走向相互交叉，在流水的侵蚀下，形成高大的断崖，于是造就了伊瓜苏瀑布。

伊瓜苏瀑布在瓜拉尼语中是"宏大的水"的意思。早在

P290上左和上右：巴西和阿根廷两国分别在伊瓜苏瀑布两侧建立了国家公园，保护瀑布景观以及沿岸的森林和其中的野生动物。长鼻浣熊是瀑布两侧的丛林中常见的动物，它们胆子很大，经常向游客讨要食物。

P290～291：伊瓜苏瀑布俯瞰图。它水量宏大，发出震耳欲聋的声响，吸引着世界各地的旅行者前来观瞻。

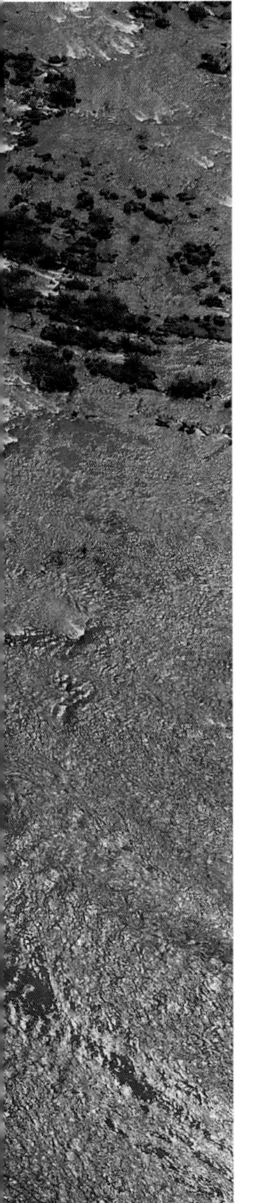

1542年以前，瓜拉尼人就生活在伊瓜苏河的两岸了。到了1542年，西班牙探险家阿尔瓦雷兹在拉普拉塔河一带探险，在行进了1 600千米之后，发现了伊瓜苏大瀑布，并将其命名为“圣玛利亚”瀑布，但未被接受，人们依然采用颇具亲和力的“伊瓜苏”作为瀑布的名字。

伊瓜苏瀑布最主要的部分，也是最美的部分，在阿根廷一方，所以阿根廷人最先开发了相关的旅游资源。1909年，阿根廷首先建立了国家公园，面积达555平方千米。30年之后，巴西也创建了国家公园，面积达1 700平方千米，也是巴西最大的森林保护区。联合国教科文组织分别于1984年、1986年将阿根廷和巴西两处伊瓜苏国家公园列入“世界自然遗产名录”。如今，伊瓜苏大瀑布已经作为一个整体成为人类的共同财富。

阿根廷一方的公园拥有更多瀑布，公园步行道有的通往瀑布下面，有的则从瀑布顶上架桥通过，使游客可以与瀑布飞溅的水花亲密接触；而巴西一侧的公园瀑布比较少，但是可以隔河欣赏到对岸瀑布群飞流直下的全景，也就是说，要想欣赏到瀑布最美的景色，非到巴西一侧不可。巴西人搭建了一座长桥，一直通到白雾飘逸的瀑布前。当你颤颤悠悠走上悬桥时，顿时融入水雾中，颇有进入“仙境”之感。游客也可乘船穿越瀑布，经历一次神圣的大自然洗礼。据说瀑布散发出的微小水滴含有“快乐因子”，能感染每一个到此游览的人，所以总是能看到全身湿透、一脸兴奋的游客。在阿根廷的瀑布公园里，有很多专门让游客接近瀑布的观景台。如果风大，水滴就如下雨一般打在游人身上；如果风小，游人则被笼罩在仙境般的水雾中，不知不觉，全身的衣服也会从上到下全部浸湿。

因为伊瓜苏瀑布水汽丰沛，所以只要天气晴朗，每天瀑布区都会出现无数道彩虹。有时水雾随风飘荡，彩虹也跟着在空中回旋飘移，在峡谷、树林间飘舞，甚至从游人中间穿过，彩虹炫舞的场景犹如梦境，让人惊叹不已。

两国的国家公园里都有大面积保存完好的热带雨林，树荫下生长着许多珍贵的植物和菌类，林中栖息着许多珍禽异兽，在公园中就能看到巨嘴鸟等多种南美洲特有的鸟类。规模宏大、水量丰富、景色壮美，加上大面积保存完好的森林与五颜六色的珍禽的衬托，使得伊瓜苏瀑布散发出一种原始的气息，充满了美感。

Patagonia

巴塔哥尼亚

狂野的土地

P293上左：雄壮的高山伴着静谧的蓝色湖泊，智利的帕伊内塔国家公园以美丽的自然风光著称，它被誉为南美洲最美丽的国家公园，是巴塔哥尼亚地区的明珠。

P293上右：闪着莹蓝色光芒的冰墙轰然崩塌，四散的破碎冰块砸在碧绿的阿根廷湖中，激起高高的浪花。莫雷诺冰川是一条仍在生长的冰川，它以平均每天1.7米的速度向前推进，前端的冰墙会因压力而崩落，展现着势不可挡的自然之力。

P292～293：安第斯山脉进入巴塔哥尼亚地区，变得格外桀骜不驯，如刀砍斧劈一样的巨型岩石直刺天空，气势动人心魄。

巴塔哥尼亚（Patagonia）高原位于南美大陆南端，南北长1 610千米，它就像这座大陆伸向南方有力的腿脚，与南极半岛隔海相望。它属于世界上最长的山脉安第斯山脉的南端，随着安第斯造山运动一起隆起。巴塔哥尼亚高原大部分地区非常荒凉，这里最令人称奇的风景，是安第斯山脉那些直刺天空的宏伟山峰。

巴塔哥尼亚的意思是“大足踩踏的地方”，据说将近500年前，西班牙航海家麦哲伦曾在这里登陆，船员们在泥地上发现了当地原住民留下的很大的脚印，所以就以“脚”命名了这片土地。这是一片平均海拔900米的高原，坐落在科罗拉多河与麦哲伦海峡之间，东面有大西洋，西面有雄伟的安第斯山脉的护卫。这里以荒凉著称，是世界中纬度大陆东岸唯一的荒漠、半荒漠地区，气候干旱寒冷，长年大风，即使在夏季，大部分地方也是昏黄一片，生长的植物大多低矮、稀疏。如此广大的荒野中，少有人类的定居点，大部分地区被鬃狼、骆马、秃鹫等野生动物占据。在高原上的安第斯山区，设有南美洲别具特色的国家公园和自然保护区，著名的莫雷诺蓝色冰川公园、菲茨罗伊山和帕伊内塔国家公园都坐落于此。

阿根廷莫雷诺冰川是世界上运动速度最快、最活跃的山岳冰川。莫雷诺冰川从安第斯山蜿蜒而下，在其末端形成一个美丽的湖泊。在冰川与湖水交汇的地方，形成高达60米的冰悬崖。根据科学家测算，莫雷诺冰川每天都会向前“推进”30厘米左右，冰川末端受到来自后方的巨大挤压力，发生断裂坠入湖水中，激起大片浪花。

远观莫雷诺冰川，像一条凝固的白色河流顺山势流淌而下，冰川表层，被自然界的风、阳光和水雕琢出千奇百怪的造型。越靠近冰川末端，冰川表面的裂隙越多，冰雕形态也就越多样。到了冰悬崖附近，给人的感觉就像一块巨大的冰

墙，只不过，这块巨型冰墙是冰川独有的浅蓝色。每天都有很多游客来此，专门为了观赏冰墙崩塌时动人心魄的场景。

离莫雷诺冰川不远，是世界登山、攀岩爱好者的圣地——阿根廷的菲茨罗伊峰。菲茨罗伊峰位于安第斯山脉南段的东麓。由于山峰经常云雾缭绕，所以被巴塔哥尼亚当地人称为“吞云吐雾的山”，它甚至曾被探险者认为是火山。

实际上，菲茨罗伊峰和它附近的地区，全部是巨型的岩石山脉，这里的巨岩呈塔形林立，形成一处接一处的数百米高的垂直峭壁。人们形容这里的风景不是“美丽”，而是“令人惊异”。

智利的帕伊内塔国家公园被全球的游客评为南美洲最好的国家公园，它位于巴塔哥尼亚高原西侧中部，占地约1 800平方千米，距阿根廷的莫雷诺冰川和菲茨罗伊山不远。“帕伊内塔”是指公园内三座并肩而立、无比壮观的塔形山峰。公园内风景秀丽，比起干旱的阿根廷一侧的山地，这里的气候更加湿润，海拔较低的山坡长满了绿色灌丛，夏季开满野花，野果遍地。大小不等的冰川从高山间倾泻而出，河水在山脚下汇集成美丽的湖泊，成群的野羊驼在山坡上繁衍生息，而雄壮的大鸟安第斯神鹰，在空中久久盘旋。有人形容，在帕伊内塔，几乎从任何一个角度都可以拍摄出风光明信片般的风景。

P294：一对狐狸幼崽把树枝当作玩具，不断争抢。巴塔哥尼亚荒原以寒冷、大风和多变的天气著称，这里是众多高原野生动物的家园。

P294～P295：这三座塔形山峰是帕伊内塔国家公园的标志，由几块巨大而宏伟的花岗岩组成，耸立在高山之巅，雄伟壮观。

P296左上：教堂峰峥嵘的岩石在短暂无雪的盛夏森然而立，紧邻其下的小湖施莫伊尔清且浅的湖水依然冰冷。在海拔近2 000米的高山苔原气候带，只有贴着土地和岩石的苔藓与地衣带来绿意，即使是山下草木丰茂的夏天，这里还是显得萧杀肃穆。

P296左下：巴塔哥尼亚地区有不少壮丽的冰川，是冰上探险运动的胜地，深受户外运动爱好者的欢迎。

P296～297上：莫雷诺冰川从山间倾泻而下，绵延数十千米，冰舌探入湖中。由于重力挤压，冰川的冰呈现出特有的浅蓝色。

P296～297下：巴里洛切附近的教堂山顶是纳韦尔瓦皮湖隐秘的绝佳观景台。登上陡峭的岩壁，越过片草不生的高山流石滩，到达山顶时，蓝宝石般的纳韦尔瓦皮湖突然从层层山壁后闯入视野，滚滚的糙面云贴着湖面压下来，几乎像从裂缝中窥视一个童话世界。

Tierra del Fuego 火地岛

“世界的尽头”

P299上左：火地岛与南美大陆隔海而望，岛上起伏的山峦是大陆上安第斯山脉的余脉，山与海相依相伴，山更显高大挺拔，海更觉蔚蓝辽阔。

P299上右：火地岛气候寒冷湿润，这里夏天不热，冬天由于受海洋影响，也并不太冷，适宜耐寒植物生长，岛上有大片的森林。

P298～299：火地岛是南美洲最大的岛屿，位于南美大陆以南。因为气候寒冷、位置偏僻，这里在很长时间里是囚犯的流放地。不过这里并非苦寒之地，湿润的海洋性气候让岛上植物茂盛，景色秀丽。

乌斯怀亚是火地岛最大的城市，在该市海边最显著的位置写着一行大字“这里是世界的尽头”。的确，没有什么地方比火地岛更使人有“世界尽头”的感觉了。

火地岛是南美洲最大的岛屿，它在南美大陆以南，与大陆之间隔着一道不宽的海峡。从火地岛再向南，跨越德雷克海峡，便是南极洲的范围。在大航海时代，航海技术还不够发达，人们几乎难以驾驭船只穿越狂风大浪的德雷克海峡而到达南极。当时从火地岛再往南，就是极寒的未知领域了，人们甚至不能确定南极洲的存在，所以在他们看来，火地岛就是“世界的尽头”。

这个“世界尽头”并非荒凉的苦寒之地，而是满目青山秀水。乌斯怀亚城就建立在高大险峻的山峰之下，即便是在南半球的盛夏12月份，每次海边下起雨时，山顶也会雪花飘飘，在山体上留下丝带般白色的积雪。而山下却是葱郁茂密的森林，山林里既有高大的针叶树木，也有树影婆娑的山毛榉林，因为气候湿润，树干上常常有颜色鲜艳的真菌或寄生植物，这让森林看起来更加丰富多彩。

火地岛上山峦起伏，地形多样。这里是安第斯山的余脉，最高的山峰约甘山海拔2 469米。因为是岛屿，所以山地的相对落差很大，站在海边看，海拔1 000多米的高山就显得非常雄伟了。加上这里雪线很低，即使在夏天，海拔超过800米甚至更低的地方也会有积雪，所以火地岛的山峰，虽然绝对海拔并不太高，但是给人的直观感受却非常高大巍峨。

现在火地岛上最著名的去处是阿根廷一侧建立的火地岛国家公园。这座世界最南端的国家公园面山临海，高山挺拔，森林茂盛，草地静谧，湖水清澈，特别是在夏季，如茵的草地上开满野花，从热带地区迁徙过来的候鸟成双成对。在河边有时还能看到河狸，它们用锋利的门齿啃伐树木，在河道上筑造起高大的水坝。

除了国家公园，火地岛周边的小岛也值得拜访。在主岛之外，周边海域还有数百个小岛和露出海面的礁石。很多小岛荒无人烟，而由海豹、企鹅等动物占领。天气好的时候，它们总是躺在礁石上懒洋洋地晒太阳，如果过往的船只靠得太近，还会发出不满的警告声。

由于常年受西风带控制，火地岛雨水丰沛，尤其是岛的东部，年降水量超过2 000毫米。温和的气候和丰沛的雨水，让火地岛变成一个被绿色滋润的岛屿，除了山峦高处裸露的岩石和冰川，其他地方大多被绿色的森林或草地覆盖，在山谷低洼处多有沼泽、湖泊，而水流湍急的冷水河，在茂密的森林中蜿蜒流淌。

火地岛的面积为4.87万平方千米，大约2/3属于智利，其余属于阿根廷，火地岛上最大的城市乌斯怀亚属阿根廷，是全世界最南端的城市。

“火地岛”这个名字，源于著名的航海家麦哲伦。1520年，麦哲伦航行至此，在船上看到岛上有点点火光，所以把这座岛命名为“有火的地方”。麦哲伦看到的火光，其实是当地原住民点燃的篝火。

在西班牙殖民者到来之前，火地岛是原住民的家园，他们主要以捕捞、狩猎海洋动物为生，过着比较原始的生活。最令人惊奇的是，有些部落的人们根本没有衣服，在寒冷的火地岛上，他们住在避风的岩石洞穴中，披着兽皮取暖，大量进食，以抵御寒冷的天气。

火地岛是离南极洲最近的陆地，去南极的大本营就设在这里，从这里去南极，要比从非洲或大洋洲过去近得多。特别是乌斯怀亚有优良的深水港口，每年夏季，海港中停满了大小船舶。火地岛作为“世界的尽头”，每年都有数万人从这里出发，去探索神秘的南极大陆。

P300～301：大冰川从山间倾斜着铺陈下来，形成一条白色凝固的河流。火地岛纬度高、湿度大，丰沛的降雨让山峦顶部常年雪花飘飘，为冰川提供了源源不断的冰雪。

南极洲

Antarctic

作为一块终年冰雪覆盖的大陆，南极洲遗世独立于地球的最南端，这里气候严酷，环境恶劣，它的大部分地区一般人都难以抵达。然而，在这样的环境下，它却打造了超凡脱俗的美：这里有天堂梦幻般的峡湾，海冰泛着幽蓝的光芒；企鹅、海豹和信天翁等各种生物在这儿栖息、繁衍……

南极地区边缘的斯科舍海上，巨大的冰山是颌带企鹅冬天集群的场所。

Antarctic Peninsula 南极半岛

冰雪覆盖的神秘大陆

P305上左：一对王企鹅面对面“引吭高歌”，这是它们独特的交流方式。王企鹅身高约1米，是体型仅次于帝企鹅的第二大企鹅种类，它们生活在南极洲边缘地带。

P305上右：南极洲的南极半岛延伸到南极圈外，附近海域有无数小岛，耸立在冰冷的海面上，显得庄严肃穆。

P304～305：南极旱谷是南极大陆一片特殊的区域，受四周山势地形的影响，大风经常把地面的雪吹走，所以这里积雪不多，裸露出粗粝苍凉的地面。

从太空中俯瞰，它好像一个巨大的白色“逗号”，盘踞在地球的底部。这个如“逗号”般弯曲的“小尾巴”，就是南极大陆最大的半岛——南极半岛。它地处南极纬度最低的的地方，与南美洲大陆隔着德雷克海峡遥遥相望。这里拥有漫长的海岸线和众多小岛，是整个南极大陆温度最高、离其他大陆最近，也是生物物种最丰富的地方。

由于纬度高，南极海域的海水颜色很深，即使是夏季晴好的天气，海面也是一片深邃的蔚蓝，巨大的白色冰山在阳光下熠熠生辉，冰山凹陷的阴影处，则泛着神秘的浅蓝色。有时浮冰表面，还会有一两只休憩的企鹅或海豹，好奇地望着经过的船只。

沿着海岸巡航，经常能看到冰块从几十米高的巨厚冰层上断裂崩落下来，冰块塌落时发出巨大的轰鸣声，激荡起大片的白雾，雾中混杂着海水、雪片和破碎的冰块颗粒。有时塌落的冰块规模特别庞大，面积达几十甚至上百平方千米，它们就是“新生冰山”。冰山沿着海岸线在海水中漂浮，有时让人难以分清是浮冰还是海中的岛屿。对于船舶来说，冰山是十分危险的。它们重心相当不稳定，会在水中发生翻滚和倒塌，每次冰山翻滚，都会激起巨大的波浪，能使几千米外的海面发生动荡。

在人们的印象中，南极是一片被冰雪完全覆盖的神秘大陆。但是在南极半岛，特别是南极半岛西部地区以及临近的海岛上，有不少“绿洲”，那里生长着苔藓、地衣和藻类，有些地方甚至发现过少量高等植物。夏天的时候，靠近南极半岛最北端的南设得兰群岛上，有些地方会出现大片绿色的“草地”，如果不是地上有踯躅前行的企鹅，这样的景象与人们心目中的“冰雪大陆”相距甚远。

为什么南极半岛有如此让人意外的景象？这与它特殊的地理位置有关。南极半岛又叫帕默半岛，也叫格雷厄姆地，

P306：南极虽然寒冷，但是它周边地区的岛屿却是很多动物的理想家园。每年11月到次年2月是南极地区的“温暖季节”，大量的候鸟来到南极周边岛屿上繁衍生息。图为南极最常见的信天翁。

P307：梦幻般的巨厚蓝色冰层与黑白两色的企鹅，组成南极的经典画面。这里生活着数种企鹅，它们适应了南极严酷的气候，集群而居。

它向南探出南极圈外，到达南纬63° 的地方。由于纬度低且处于海洋的半包围状态，比南极其他地方都温暖湿润得多，雨量可达500～600毫米，有些地方甚至达到900毫米，所以有人把这里叫作“海洋性南极”。

南极半岛拥有众多壮丽的风景。它两侧是海，北部与南极大陆的冰雪高原相连，岛上山地起伏，连同四周海岛，不乏雄伟挺拔的高山、险峰。南极洲的最高峰是海拔5 140米的文森山，位于南极半岛与南极大陆相衔接的位置，宏大的山脉在半岛上延伸，伟岸的巨岩从冰层中挺立而出，蔚为壮观。

如果只选一种最独特的动物代表南极，那么企鹅是当之无愧的了。企鹅是南极最可爱的动物，在南极半岛上，生活着阿德利企鹅、帽带企鹅以及王企鹅等多种企鹅。在很多岛屿上，可以看到大量的企鹅集群而居。在夏天繁殖季节，企鹅需要从海边捡拾小石子，再到山坡上平整的地方搭建自己的小窝。

除了企鹅，南极半岛上还生活着很多种海鸟。南极鸟类大致可以分为三大类，即信天翁类、海燕类和海鸥类，除此之外，还有为数不多的南极贼鸥和南极鸬鹚等。南极海鸟总的特征是飞翔能力强，可在陆地、海冰和水上栖息，主要以南极磷虾为食，也食鱼和乌贼。每到夏季，冰雪覆盖下的南极半岛，就成了海鸟们生儿育女的家园，各种鸟儿欢聚在少有人打扰的半岛和附近岛屿上谈情说爱、筑巢生蛋，然后雌雄轮流孵卵，父母双方共同抚养幼雏，幼雏在两个月左右就可随父母下海游泳、捕食。

南极的大型动物基本都生活在海中，海豹是最常见的一种。南极有

6种海豹，象海豹、豹形海豹、威德尔海豹等都可以在南极半岛及其周边岛屿上见到。海豹们在陆地和冰面上行动迟缓，非常笨拙，就连挪动一下身体都要费很大的力气，因此人们经常看到的就是它们懒洋洋地躺在冰面上悠闲地晒太阳。但是海豹在海里游动速度却很快，可达20～30千米/小时，最高可达37千米/小时。其中潜水能力最强的是威德尔海豹，一般潜水深度为180～360米，最深可达600米。有了如此出众的水下功夫，南极海豹不但可以吃得肚大腰圆，还可以有效地避开逆戟鲸等水下杀手的袭击，在南极海域繁衍生息。

夏季的南极半岛也是观鲸的好地方。南极的夏季到来时，生活在南半球的鲸纷纷南下，南大洋开始变成鲸的世界。在南极半岛附近巡航，经常可以看到蓝鲸、座头鲸、露脊鲸、虎鲸等等，这些庞然大物有时会从海水中探出头来，观察一下水面上的世界。

对于大多数游客而言，南极半岛是南极的门户，是普通人能够游览参观的地方。不过想要到南极旅游，只能在每年的11月到来年2月，这段时间是南极的夏天，其他时间的南极气候冷、阳光少，还有漫长的极夜，都不适合人们旅游，所以想领略南极之美的人，一定要趁南极短暂的夏季前来。

P308～309：大群的王企鹅聚集在一起，其中颜色浅褐的是尚未换毛的雏鸟。在南极的严酷气候里，找一片适宜雏鸟生活的地方很不容易，一块繁育地往往聚集了大量个体。

P310: 象海豹因长长的鼻子而得名。卧在浅水里的象海豹看起来憨厚无害，其实它们是南极海中的出色猎手。象海豹身后的企鹅，经常成为它们的狩猎对象。

P311上左: 帝企鹅身高超过1米，是体型最大的企鹅，也是生活地区纬度最高的企鹅。在极为严寒的环境下繁育幼雏很不容易，企鹅父母把孩子藏在自己肚子下方保暖。

P311上右: 厚厚的脂肪让海豹看起来圆滚滚的，在岸上时显得格外笨拙。一旦下到水中，它们就变得灵活而凶猛，是出色的冰海猎手。

P310～311: 越靠近南极大陆，海面温度越低。水上的浮冰压制了波浪，海面看起来格外平静。远处的冰山被阳光染成了暖色，使这个冰雪世界似乎也多了一层温情。